写给设计师看的 印前工艺书

（第3版）

罗红霞 编著

CMYK
PANTONE
PRINTING

人民邮电出版社
北　京

图书在版编目（ＣＩＰ）数据

写给设计师看的印前工艺书 / 罗红霞编著. -- 3版
. -- 北京 : 人民邮电出版社，2023.4
ISBN 978-7-115-60565-8

Ⅰ．①写… Ⅱ．①罗… Ⅲ．①印前处理 Ⅳ.
①TS803.1

中国国家版本馆CIP数据核字(2023)第012646号

内 容 提 要

本书主要讲解平面设计中需要掌握的印前工艺知识，从基础知识到技巧运用，从文件设置到
实例操作，从普通印刷到特种印刷，进行了全面的讲解。全书共 9 章，第 1～3 章主要讲解平面
设计的基础知识，包括素材归类、分辨率、出血位、色彩原理、印刷常用中英文字体、印刷字号、
纸张开数与拼版等；第 4～6 章主要讲解胶版印刷相关知识、商务印刷品的印前工艺和印刷用纸
等；第 7～9 章主要介绍几种特种印刷工艺，包括凸版印刷、凹版印刷、丝网印刷、金属印刷，
以及各种后工艺和喷画制作等。

本书通俗易懂、图文并茂，每个典型知识点后附带实例详解，重点在于让初学者在操作的过
程中学会思考，掌握方法并举一反三，提高设计能力。

本书适合想要了解印前工艺的平面设计师阅读，可帮助设计师掌握印前相关知识。

♦ 编　著　罗红霞
责任编辑　张丹阳
责任印制　马振武

♦ 人民邮电出版社出版发行　北京市丰台区成寿寺路 11 号
邮编　100164　电子邮件　315@ptpress.com.cn
网址　http://www.ptpress.com.cn
北京天宇星印刷厂印刷

♦ 开本：787×1092　1/16
印张：10.75　　　　　　　2023 年 4 月第 3 版
字数：252 千字　　　　　　2025 年 7 月北京第 5 次印刷

定价：89.90 元
读者服务热线：(010)81055410　印装质量热线：(010)81055316
反盗版热线：(010)81055315

前言
FOREWORD

在这个飞速发展的时代，既有很多技术兴起，也有很多技术被淘汰，而印刷技术不断推陈出新，只要有商品，就有包装、宣传单等印刷品的存在。平面设计师需要掌握的技能之一就是印刷技术。

目前市面上讲解设计软件的图书很多，而涉及设计后期印刷的大多专业性较强。很多初学者如果没有扎实的理工科基础或者没有亲自下印刷车间考察过，对专业性很强的术语是很难理解的。由于不熟悉印刷，印出来的成品可能与设计师的预期相去甚远，有时只是简单地制作一个版就能达到的效果，设计师却走了很多弯路。

每个设计师都曾是初学者，我深深理解初学者的困扰。也许大部分设计师都会接触到胶版印刷，可是对其他特种印刷就很少接触了。我有幸接触过胶版、凸版、凹版、丝网、金属等多种印刷工艺，所以我想将自己多年来点点滴滴的经验，用通俗的语言、图文并茂的方式写进本书，让初学者轻松入门。

印刷主要分为胶版印刷、凸版印刷、凹版印刷、丝网印刷四大类。其中胶版印刷最为常见，建议初学者从胶版印刷开始学习，其他印刷与胶版印刷的原理大同小异，可以说只要掌握了胶版印刷的原理，学习其他印刷便可一通百通。本书配有丰富的图片，化繁为简地介绍了四大印刷工艺，并附有很多实例，实例的重点是教会初学者制作文件及拆版的方法，希望初学者能举一反三。

印刷工作是枯燥而繁杂的，但是当你恰当地运用印刷工艺，做出完美的印刷成品时，那种自豪感也是无以言表的。希望本书能帮助困惑中的你，也希望专业人士能指出书中的不足之处，以便再版时加以修正，谢谢！

罗红霞

资源与支持
RESOURCES AND SUPPORT

本书由"数艺设"出品，"数艺设"社区平台（www.shuyishe.com）为您提供后续服务。

配套资源

课后习题：每章提供了课后习题及相应的素材文件，方便读者练习使用。

资源获取请扫码

（提示：微信扫描二维码关注公众号后，输入51页左下角的5位数字，获得资源获取帮助。）

"数艺设"社区平台，为艺术设计从业者提供专业的教育产品。

与我们联系

我们的联系邮箱是szys@ptpress.com.cn。如果您对本书有任何疑问或建议，请您发邮件给我们，并请在邮件标题中注明本书书名及ISBN，以便我们更高效地做出反馈。

如果您有兴趣出版图书、录制教学课程，或者参与技术审校等工作，可以发邮件给我们。如果学校、培训机构或企业想批量购买本书或"数艺设"出版的其他图书，也可以发邮件联系我们。

关于"数艺设"

人民邮电出版社有限公司旗下品牌"数艺设"，专注于专业艺术设计类图书出版，为艺术设计从业者提供专业的图书、视频电子书、课程等教育产品。出版领域涉及平面、三维、影视、摄影与后期等数字艺术门类，字体设计、品牌设计、色彩设计等设计理论与应用门类，UI设计、电商设计、新媒体设计、游戏设计、交互设计、原型设计等互联网设计门类，环艺设计手绘、插画设计手绘、工业设计手绘等设计手绘门类。更多服务请访问"数艺设"社区平台www.shuyishe.com。我们将提供及时、准确、专业的学习服务。

目录
CONTENTS

第1章 图像文件设置

第2章 字体与线条

第3章 纸张开数与拼版

第4章 胶版印刷

第5章 商务印刷品的印前工艺

第6章 纸类材料

第7章 特种印刷

第8章 后工艺

第9章 喷画制作

第 1 章

图像文件设置

印刷对图像文件设置有一定的要求，设置会直接影响印刷的质量，
所以我们应首先了解图像文件设置的相关内容。

1.1　素材来源

设计离不开文案和图片素材，文案自然由专门的人员撰写，相关图片就得由设计师自己找了。素材来源有很多，可以参考下图中的几种。

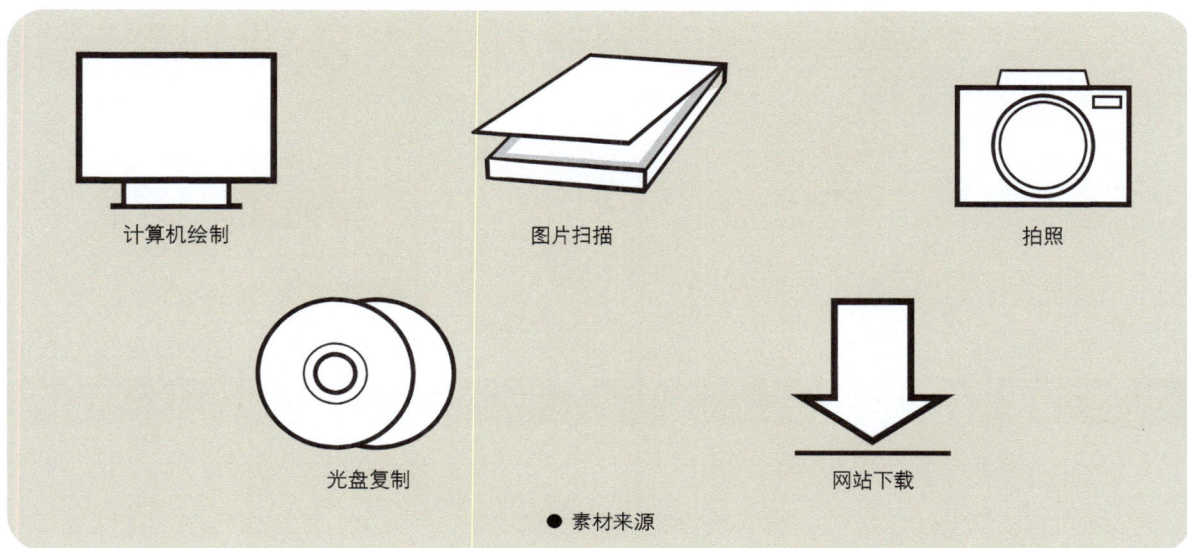

計算机绘制　　　　　　　　　图片扫描　　　　　　　　　拍照

光盘复制　　　　　　　　　　　　网站下载

● 素材来源

1.2　素材分类

素材分为位图和矢量图

位图也称点阵图或像素图，是以像素为单个点组成的图。当放大图像时，你会看到无数个小方块，每个小方块就是一个像素，单位面积上所含的像素越多，图像就会越清晰。位图的优势是层次多、细节多、真实性强。

● 位图

　　矢量图也称向量图，是由软件绘制而成的点、线、面，它不存在像素之说，可无限放大且不会失真，适用于标志、图形、字体、排版等的设计。

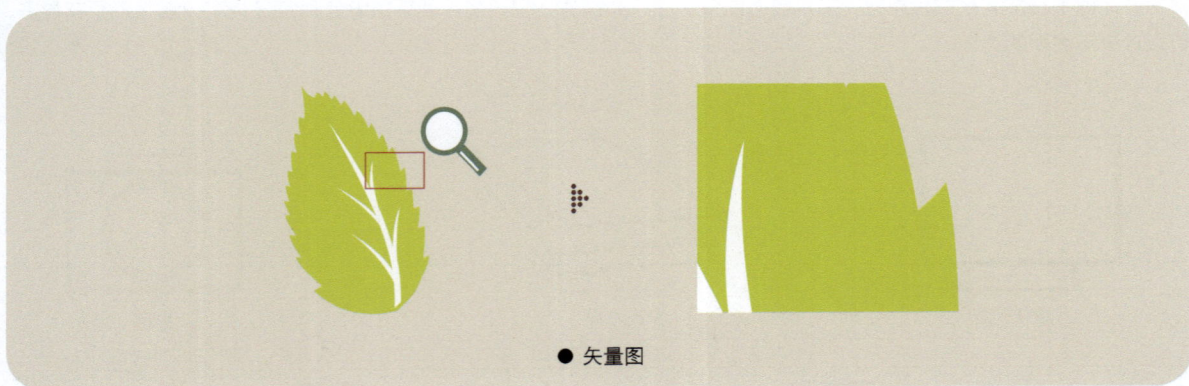

● 矢量图

1.3　常用素材格式

```
        ┌── JPG
        │
        ├── PNG                      ┌── AI
  位图 ──┤                  矢量图 ──┤
        ├── TIFF                     ├── CDR        文档 ── PDF
        │                           │
        └── PSD                      └── EPS
```

　　JPG 也称 JPEG，是一种压缩格式，所谓压缩就是降低图像质量以缩小图像大小的方法。存储时图像的品质数值越低，图像质量越差。品质数值最高是 12，代表存储最佳图像质量，图像可达到接近无损的状态。

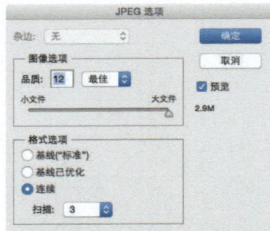

● JPG文件存储界面

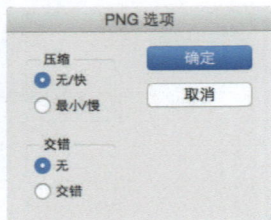

● PNG文件存储界面

　　PNG 也是一种压缩格式，它最大的优点就是支持透明效果，也就是我们常说的去底效果。

TIFF 是一种很灵活的位图格式，TIFF 文件既能分层编辑，又能合层编辑；既能无损存储，又能压缩存储。TIFF 的压缩不会像 JPG 那样严重损坏图像质量，它可以在缩小图像大小的同时不过多损坏图像质量。TIFF 文件以 .tif 为扩展名。

● TIFF文件存储界面

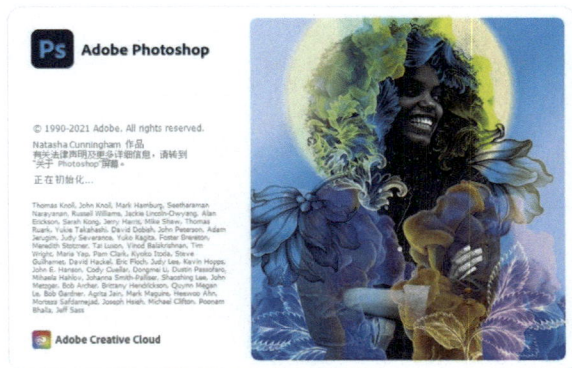

PSD 是 Photoshop 的专用文件存储格式，PSD 文件需要借助 Photoshop 才可以打开或者编辑。此格式的文件存储可保证图像完全无损，是编辑图片后最佳的存储方式。

● Photoshop加载页面

AI 是 Illustrator 的专用文件存储格式，AI 文件是矢量文件，用 Illustrator 软件勾画的图像即使放大也不会产生马赛克现象。AI 文件可以通过 Photoshop 打开，但打开后的图片只能是位图而非矢量图，打开时可以在弹出的对话框中输入需要的图像分辨率。

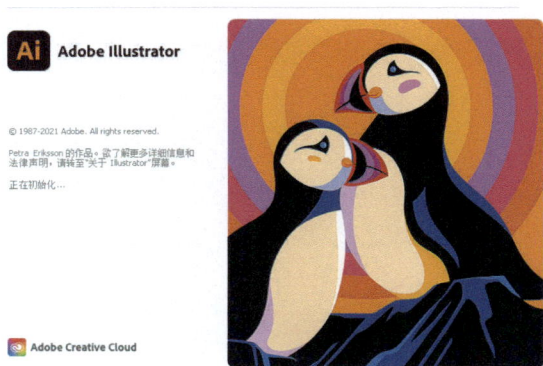

● Illustrator加载页面

第 1 章

第 2 章

第 3 章

第 4 章

第 5 章

第 6 章

第 7 章

第 8 章

第 9 章

CDR 是 CorelDraw 的专用文件存储格式，CDR 文件需要安装 CorelDraw 才能打开。CDR 文件是矢量文件，由 CorelDraw 绘制的图像可无限放大。

● CorelDraw加载页面

EPS 是一种兼容性很好的文件格式，EPS 文件在大部分设计软件中都能打开，也能预览，能同时包含位图图像和矢量图形，用矢量软件打开就是矢量源文件格式，用位图软件打开就会变成位图格式。

● EPS文件图标

PDF 是一种电子文件格式，它通用于所有计算机系统，双击图标即可浏览。PDF 文件可包含文字、颜色、位图、矢量图等，并且打开后不会失真。PDF 是印刷行业偏爱的一种格式。

它的缺点就是有些软件无法一次打开所有页面，只能一个页面一个页面地打开编辑。

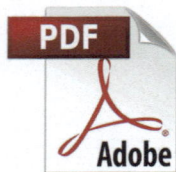

● PDF文件图标

1.4 常用设计软件

常用设计软件有以下几种。

Photoshop

InDesign

Illustrator

CorelDraw

● 常用设计软件图标

Photoshop 简称 "PS"，它的专长在于图像编辑处理。它可以将不同的对象组合在一起，对图像进行放大、缩小、合成、校色、调色和修补等操作，使图像发生变化。Photoshop 多用于人像、产品图像和风景图像的处理。

Photoshop 的图层样式功能更是在 UI 设计界得到了很大程度的应用。

Photoshop 的色彩模式很多，常用的有 RGB 模式、CMYK 模式、灰度模式、位图模式等，能满足印刷、网页制作、视频制作等方面的需要。

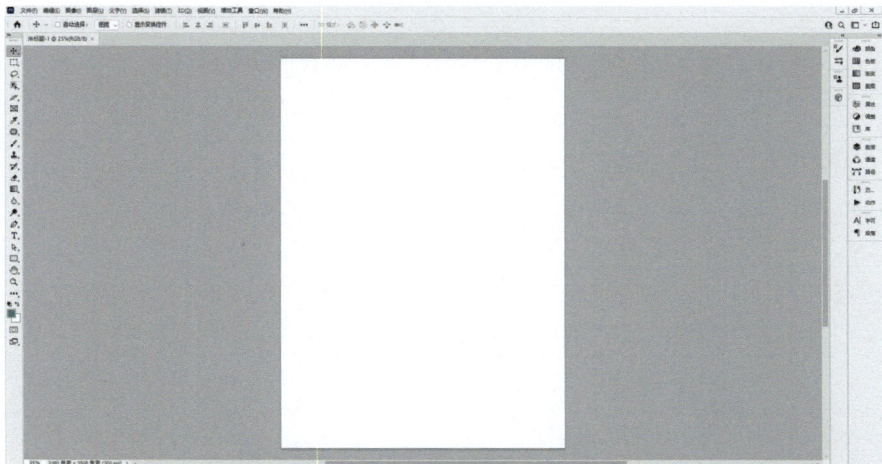

● Photoshop界面

InDesign 简称 "ID"，是一款应用于专业排版领域的设计软件，它的优点如下。

（**1**）自动创建页码。

（**2**）可创建多种主页。

（**3**）可创建各种字符或段落样式。

（**4**）文字块具有灵活的分栏功能。

InDesign 因其强大的排版功能，成为报纸、书籍等排版的首选设计软件。

● InDesign界面

Illustrator 简称"AI",是一款专业矢量图形设计软件,擅长绘制灵活准确的点、线、面——无限放大后也依然清晰,特别适合标志、图形、手稿等的设计。Illustrator 广泛应用于印刷出版、海报、专业插画、网页等的制作。

Illustrator 的排版功能也很灵活,它可同时创建多个页面,常用于单张、画册等印刷品的排版,但由于 Illustrator 不具备自动排页码等功能,所以书籍类的排版一般不使用它。

● Illustrator界面

CorelDraw 是一款绘图及排版软件,它最大的特点是操作简单,易学易懂,应用范围广,从专业印刷公司到小图文打印店,几乎处处可见。CorelDraw 主要应用于商标设计、装潢制作、模型绘制、图文排版及分色输出等诸多领域。

CorelDraw 还有个特殊的功能,即能生成符合各项业界标准格式的条形码。

● CorelDraw界面

1.5 素材收集归类

1.5.1 通过文件夹归类

优秀的设计师几乎都有自己庞大的资料库，资料库里的内容一般分优秀作品和设计素材两类。收集优秀作品的好处在于开阔视野、帮助学习参考；收集设计素材的好处则在于可以快速找到想要的元素，提高设计效率。

收集是个漫长而烦琐的工作，特别是积累到一定数量的时候，你可能会发现查找起来很麻烦，那是因为你没有很好地归类。为文件归类的方法有很多种，你可以根据自己的习惯进行选择，下面分享几种方法。

1. 按时间归类

按年份或者月份来分别创建文件夹，这个方法适用于专注某个固定品牌的素材，在关注它的同时按时间归类。

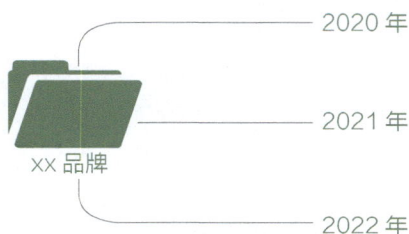

2020 年

2021 年

2022 年

XX 品牌

● 文件归类图1

2. 按格式归类

按格式归类就是按照位图和矢量图等不同文件格式分类存放，可细分为以下几种。

合层文件：主要放入 JPG、PNG 等不可分层编辑的图片。

分层文件：主要放入 PSD、TIFF 等可再编辑的图片。

矢量文件：主要放入 AI、CDR、EPS 等矢量图片。

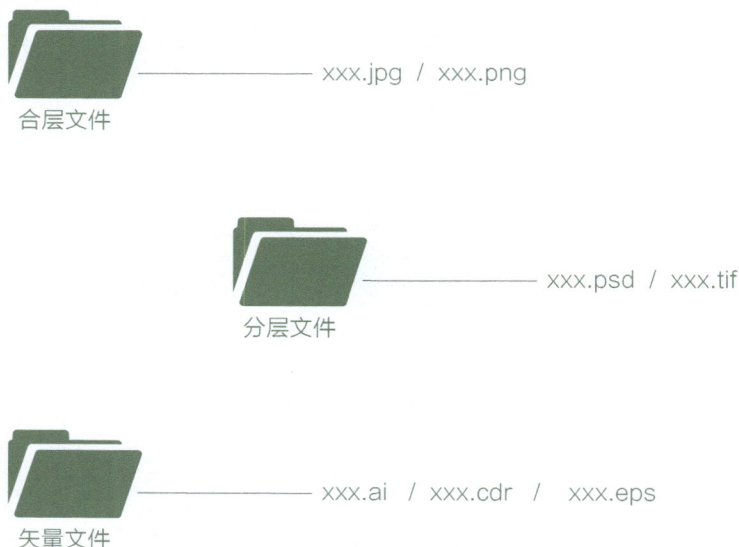

xxx.jpg / xxx.png

合层文件

xxx.psd / xxx.tif

分层文件

xxx.ai / xxx.cdr / xxx.eps

矢量文件

● 文件归类图2

3. 按种类归类

按种类归类可以分为平面、网页、UI 等，具体细分如下。

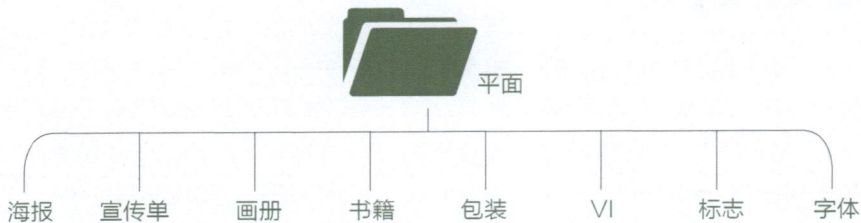

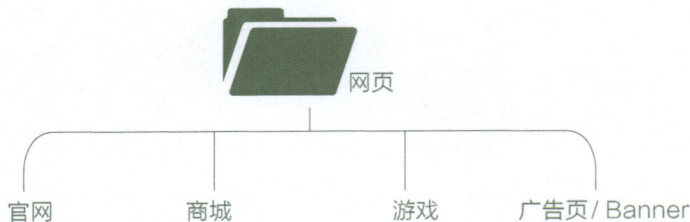

平面
海报　宣传单　画册　书籍　包装　VI　标志　字体

网页
官网　商城　游戏　广告页 / Banner

UI
图标　App 界面　游戏 UI　原型

● 文件归类图3

其实如果你愿意，还可以再细分，如"平面"里的"包装"可细分如下。

包装
食品　药品　电子产品　日用品　化妆品

● 文件归类图4

总之，越细分越精确，查找起来就越轻松。按照自己的实际情况，进行合理的归类，这个过程可能会费时费力，但一旦完成，以后无论是收集还是查找都很轻松。

1.5.2　通过文件归类

当你收集的素材越来越多时，一个一个浏览可能有点耗时，给大家分享一个方法：把相同性质的素材放入同一个 ".ai" 或者 ".psd" 文件里保存。

比如同样都是边框素材矢量图，归类时可创建一个 Illustrator 文件，将所有元素放在一起，一个页面不够就多建几个页面，存储时将文件命名为"边框 .ai"。

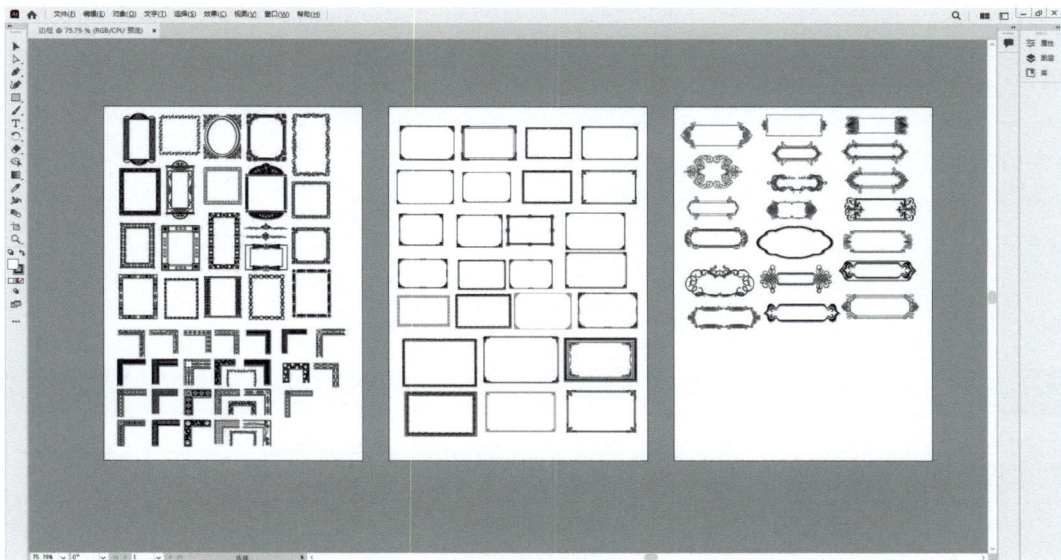

● 边框素材归类

再比如同样都是新年传统元素分层图，归类时可创建一个 Photoshop 文件，将所有元素放在一个页面里。Photoshop 没有多个页面，所以可以考虑建几个组来放置元素，存储时将文件命名为"新年元素 .psd"。

● 新年素材归类

017

1.6　图像分辨率

图像分辨率是针对位图而言的，矢量图不存在图像分辨率之说。所谓图像分辨率，是指每英寸单位所包含的像素点数，点数越多，图像信息越多，表现的细节越清楚，简单来说就是分辨率越高，图像越清晰。

不同用途的图像需要的分辨率不同，一般分为两种：屏幕显示和打印输出。

● 用于屏幕显示的图像，包括用于网页、计算机屏幕、手机屏幕等显示的图像，分辨率为 72 像素 / 英寸或 96 像素 / 英寸。

● 若用于打印输出，则需要 300 像素 / 英寸的高分辨率图像。300 像素 / 英寸这个数值刚好合适，如果图像分辨率低于 300 像素 / 英寸，印刷出来的成品会出现不同程度的模糊；如果图像分辨率高于 300 像素 / 英寸，图像只会多占用你的磁盘空间，输出时还是会按照 300 像素 / 英寸的标准，所以没有必要使用分辨率高于 300 像素 / 英寸的图像来印刷。

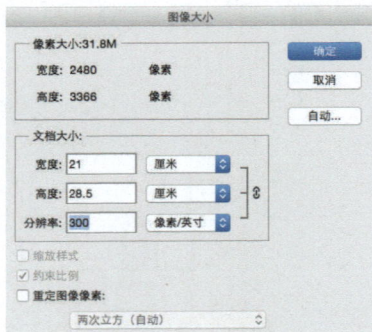

● Photoshop图像大小界面

1.7　出血位

1.7.1　出血位的定义

一般裁切成品时有 2mm 的误差，正常预留 3mm 的公差范围最为保险。印刷文件是一定要留出血位的，这是规定。因此我们在设计时就要把边缘增加 3mm，多出来的边在印刷后会被裁切掉，裁切掉的部分就称为出血位。

例如，预期的成品尺寸是 90mm×54mm，那么设计的文件尺寸就要增加至 96mm×60mm。

● 出血位图

1.7.2 怎么设置出血线

1. 自带出血线

Illustrator 和 InDesign 这两款软件都有自带出血线功能，只要将"文档设置"界面的"出血"参数均设置为 3mm 即可。软件默认的页面框是矩形，除此之外的不规则形状无法使用此功能设置出血线，只支持手绘出血线。

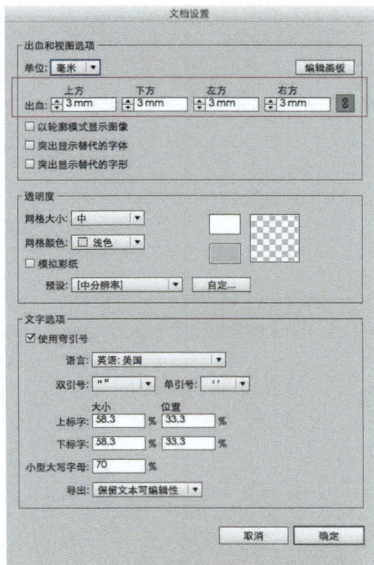

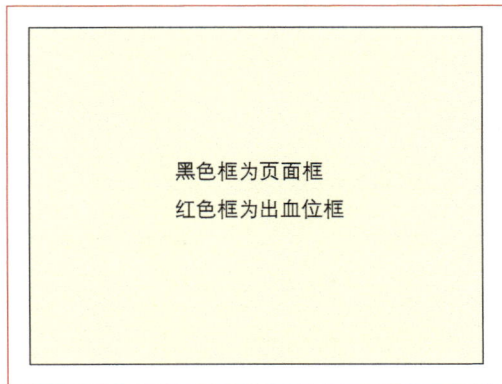

● Illustrator出血线设置图

2. 手绘出血线

也可以自己手绘出血线，一般角线用" ⌐ "或" □ "表示。

① 用直线工具画出两条垂直的直线作为角线，长度约 5mm，可以细一些，但起码要在 0.1pt 以上，太细无法印刷出来。

② 出血线的颜色选择套版色，套版色是由 C100、M100、Y100、K100 复合而成的，它输出后会分为四个色在四个版中出现。很多设计师喜欢使用单黑色，这样也可以。

③ 绘制左上角出血线，在左边框上方对齐左边框画一条线，再复制一条，旋转 90° 后对齐上边框。再在页面框外 3mm 处复制两条线。

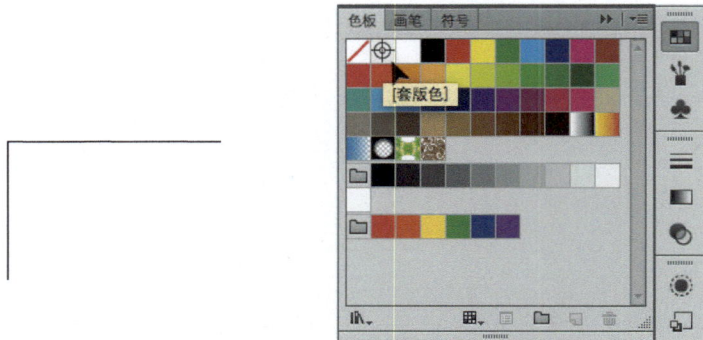

● 出血线绘制图1

第 1 章

第 2 章

第 3 章

第 4 章

第 5 章

第 6 章

第 7 章

第 8 章

第 9 章

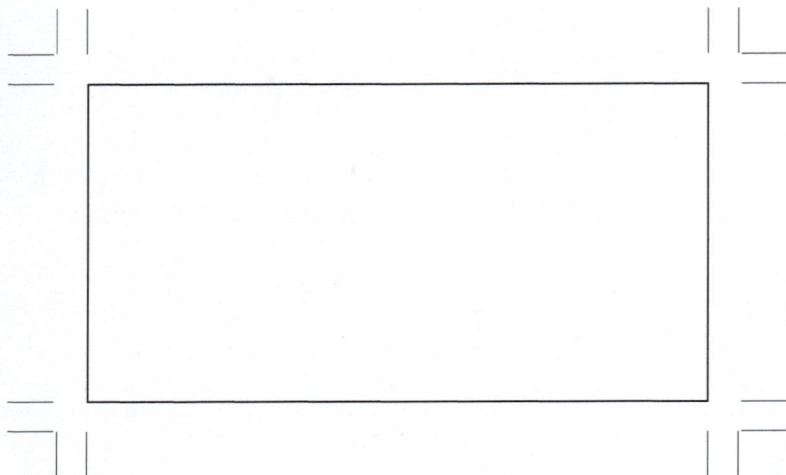

④ 用同样的方法，为 4 个角都画
上出血线。

● 出血线绘制图2

3. 手绘不规则形状的出血线

　　前面说过只有矩形的页面框才能使用软件自带的出血线功能，除此之外的形状都要手动绘制出血线，并且还要
画出裁切线。下面以常见的圆角矩形为例，介绍其出血线的绘制方法。

① 画一个圆角矩形，用同样的方法
画出 4 个角的出血线，颜色同
样是套版色。

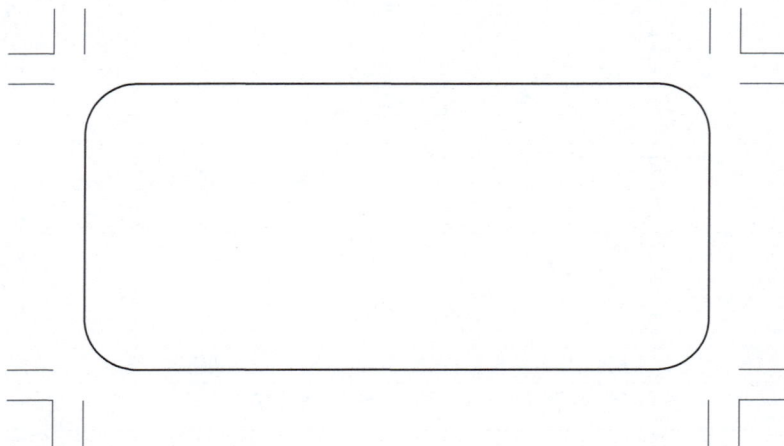

● 出血线绘制图3

② 这个圆角矩形就是实际裁切框，
框的颜色最好用套版色。用其他
颜色也是可以的，比如你想用
C100 的蓝色作为边框色，那么
就新建一个 C100 的蓝色板，"色
板名称" 改为 "裁切线"，以便
查找，"颜色类型" 设置为 "专色"
即可。但是一定要记住这种颜色
是裁切框的专属色，不能用于其
他任何一个地方。

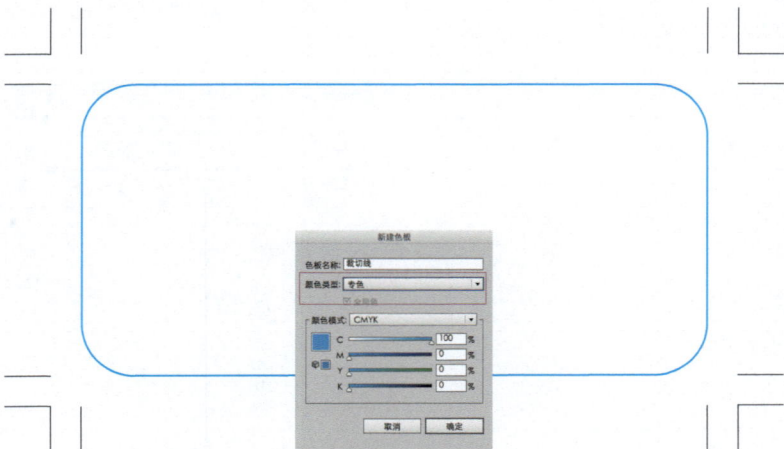

● 出血线绘制图4

1.7.3　不设置出血线会出现什么情况

如果没有设置出血线，可能会出现两种情况。比如下面这张图，尺寸为 90mm×54mm，对比一下左右两边。

这张图看起来似乎没什么问题

加上出血线和裁切线，将文件拉大到出血线处

不改变文件大小，只加上裁切线

沿裁切线裁下去

沿裁切线裁下去

裁切后的成品中文字和图形很明显被裁掉了一部分

由于裁刀裁切时有 2mm 的偏差，裁切后的成品可能会带有不同程度的白边

● 出血线对比图1

1.7.4　设置出血线的常规步骤

就上页那张图而言，印刷厂的工作人员看到没有设置出血线也会帮忙加上。如果是矢量图，他们会把底图色块的 4 个角都拉大到出血线处；但是如果是位图，你就一定要提供分层的文件，分层的底图可以单独拉大，无须改动其他内容，拉大一点点不会影响印刷质量。

调整文件不难，问题在于这样做如果改动了内容就涉及责任问题。正常改好内容后，印刷厂会来回要求你核实并签名确认。这是很浪费时间的，所以你的设计步骤最好从一开始就是正确的。

常规步骤

先设置好出血线和裁切线，然后在裁切线范围内进行设计

沿裁切线裁下去

裁切后的成品

● 出血线对比图2

1.8 色彩原理

1.8.1 三原色

色彩中不能再分解的基本色称为原色,我们常说的三原色是红、黄、蓝。这 3 种神奇的颜色几乎可以变化出所有颜色。

可能你经常看到另外一种三原色之说,即三原色是指红、绿、蓝。哪一种才是正确呢?都正确,下面我来详细说明一下。

1. 红、黄、蓝

红、黄、蓝三原色属于色料三原色,适用于打印、印刷、油漆、绘画等色料的呈色。彩色印刷品是以黄、品红、青 3 种油墨加黑油墨印刷的,4 色印刷机的印刷原理就是一个典型的代表。

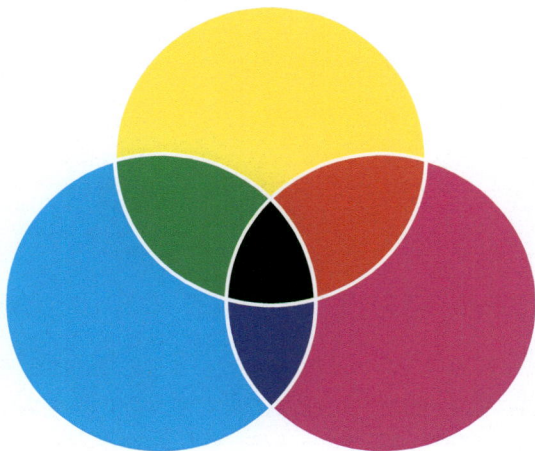

Q C、M、Y 3 种颜色混合起来不是黑色吗?印刷为什么单独有黑色?

A 因为目前的制造业无法造出高纯度的油墨,C、M、Y 3 种颜色混合起来实际上只能达到暗褐色。

● 色料三原色图

2. 红、绿、蓝

● 色光三原色图

红、绿、蓝三原色属于色光三原色,它是一种色光表色模式,利用光来呈色,适用于电子类表色模式。这 3 种原色同样能变化出几乎所有颜色,混合起来为白色。红、绿、蓝的英文分别为 Red、Green、Blue,就是我们常说的 RGB。由于印刷用不上 RGB,所以下面主要讲 CMYK。

1.8.2 CMYK

CMYK 也称印刷色，就是用来印刷的颜色，每一个字母代表一种颜色，所以用 CMYK 印刷称为 4 色印刷。4 色印刷适用于大部分种类的印刷，胶版印刷更是大量使用 4 色印刷。

C 100
M 0
Y 0
K 0　　　cyan　青色
（我们习惯称蓝色）

C 0
M 100
Y 0
K 0　　　magenta　品红色
（我们习惯称红色）

C 0
M 0
Y 100
K 0　　　yellow　黄色

C 0
M 0
Y 0
K 100　　　key plate　黑色

CMYK 色彩模式与 RGB 色彩模式的区别

RGB 色彩模式的色域比 CMYK 色彩模式的广很多，所以 RGB 色彩模式的颜色更鲜艳、更丰富，呈现的画面也更好看。图像由 RGB 色彩模式转为 CMYK 色彩模式时，超出了 CMYK 色彩模式能表达的颜色范围，这些颜色只能用相近的颜色替代，这样就会看到有些图像上的一些鲜艳的颜色产生了明显的变化——变得暗淡，其中变化最明显的是鲜艳的色系。

但是当你再次把 CMYK 色彩模式转回 RGB 色彩模式时，颜色不会变回之前鲜艳的状态。

RGB 色彩模式　　　　　　　　CMYK 色彩模式

● CMYK色彩模式与RGB色彩模式对比图

1.8.3 色彩的3个要素：色相、明度、纯度

色相是指色彩的属性，是色彩的首要特征。除了黑、白、灰没有色相属性外，其他原色或原色加复色构成的色彩都有色相属性。

● 色相图

明度是指色彩的亮度，不同的色彩具有不同的明度。颜色越浅，明度越高，反之颜色越深，明度越低。如果在Photoshop 里将色彩属性设置为灰度的黑白属性，就能很明显地看出色彩的明度差别。

高明度

中明度

低明度

● 明度对比图

纯度也称饱和度，是指色彩的鲜艳度。越单一的颜色越鲜亮，两种或两种以上颜色调出来的颜色容易变得灰暗，纯度就很低。添加的复色越少，纯度就越高，颜色越鲜亮；添加的复色越多，纯度越低，颜色越暗沉。

高纯度 ──────────────▶ 低纯度

| C 50 | C 100 | C 100
M 70 | C 100
M 70
K 30 |

高纯度 ──────────────▶ 低纯度

| M 50 | M 100 | C 50
M 100 | C 50
M 100
K 30 |

高纯度 ──────────────▶ 低纯度

| Y 50 | Y 100 | C 30
M 30
Y 100 | C 30
M 30
Y 100
K 30 |

● 纯度对比图

1.9　配色方法

经常有初学者问如何配色，其实配色的方法很多，现在介绍几种常见的配色方法。

1.9.1　单色配色

单色配色是指同一颜色的深浅搭配，即根据色彩的明度对比进行搭配，配色效果非常柔和。这是最为保险的配色方法。我们随意在色环里取两组颜色进行搭配练习，你会发现单色真的很容易搭配。

● 单色配色图

1.9.2　同色系配色

色系分暖色系和冷色系两种：给人以温暖感觉的颜色属于暖色系，如黄绿色、黄色、橙色、红色、红紫色等；暖色系之外、给人以冷静感觉的颜色属于冷色系，如蓝色、蓝绿色、蓝紫色等。同色系配色可变化出层次感，不会显得单调乏味，也是一种很保险的配色方法。我们在色环上同一色系中抽取一些颜色进行组合搭配，效果也非常棒。

● 同色系配色图

1.9.3　互补色配色

　　如果两种等量的颜色混合后呈黑灰色，那么这两种颜色互为补色。色环中任意一条直径两端的颜色都互为补色，如红色与绿色互补，蓝色与橙色互补，紫色与黄色互补。

　　互补色搭配恰当的话，可以产生丰富、跳跃、个性、具有视觉冲击力的效果。但是若互补色的纯度、明度过高，会产生强烈的刺激感，容易导致视觉疲劳，这种情况下可以调整对比度，使得互补色相互调和。以下是几种调整方法。

1. 搭配无彩色

　　在色彩界，黑、白、灰、金、银属于无彩色，和任何颜色搭配都能达到和谐的效果。我们分别用灰色和黑色搭配试试，看看调整后的效果。

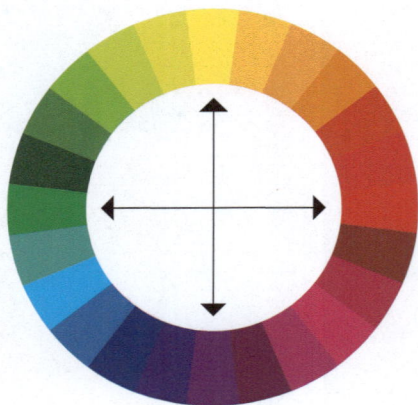

原图　　　　　　　→　　　　搭配灰色

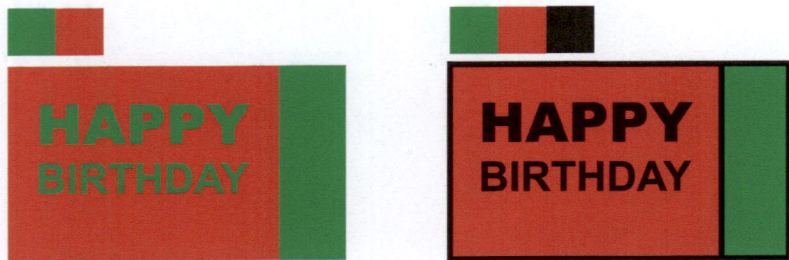

原图　　　　　　　→　　　　搭配黑色

● 互补色配色图1

2. 降低明度或纯度

明度是指色彩的亮度，亮度越高颜色越浅，亮度越低颜色越深。纯度是色彩的饱和度，前面已经讲过，添加的复色越少，纯度就越高，颜色越鲜亮；添加的复色越多，纯度越低，颜色越暗沉。

还是以前面所用的两张原图为例，一张改变明度，另一张改变纯度，我们来看看效果。

原图　⟶　改变明度

原图　⟶　改变纯度

● 互补色配色图2

3. 调整面积

如果两种补色的面积差不多大，就会形成视觉冲突，容易导致视觉疲劳。可适当调整面积，使其中一种补色的面积尽可能小，这样能很好地减弱冲突感。

原图　⟶　改变黄色的面积

原图　⟶　改变红色的面积

● 互补色配色图3

1.9.4 吸取图片中颜色填充配色

　　如果是有配图的版面，无须绞尽脑汁去想配色，因为配色就在图片中。用吸管工具从图片中吸取颜色填充，可使版面颜色相互呼应。

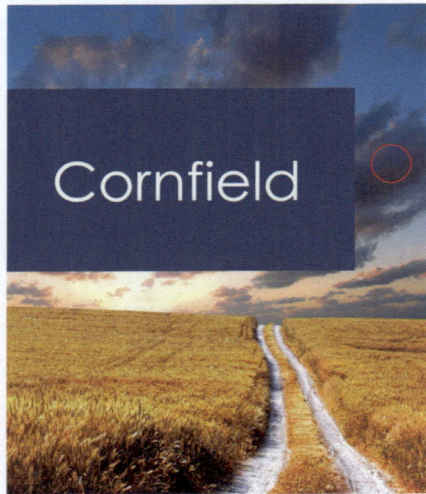

● 通过图中颜色配色

1.9.5 创新配色

　　色彩的搭配按照上面介绍的几种方法会比较保险，但色彩搭配的创新是永无止境的，当你熟练掌握各种配色原理后，可以考虑去做一些创新。设计界的大师们在运用配色的过程中，看似不经意的色彩搭配，实则却包含大量的知识底蕴；看似无规则的配色，实则是在既定规则的基础上的创新搭配。

1.10　图像尺寸单位

图像尺寸单位分为像素单位和物理单位，很多初学者分不清二者有什么不同，用了像素单位，导致印刷成品模糊。为什么呢？其实它们是完全不同的单位。

1. 像素单位

显示器上的图像是由许多点构成的，最小的点称为像素，它是一个彩色方块，每一个方块为一个像素，就像我们常看到的马赛克（放大后才能看到）。像素单位用于网页、手机等屏幕显示，相应图像需要的分辨率为 72 像素 / 英寸或 96 像素 / 英寸。

2. 物理单位

物理单位就是常见的测量单位，当图文不只是在计算机屏幕上显示，还需要制作成物料时，就需要用到物理单位。印刷常用的物理单位为厘米（cm）或毫米（mm），相应图像需要的分辨率为 300 像素 / 英寸。

3. 如何将像素单位换算成物理单位

很遗憾，没有换算公式，但是可以借助转换器转换单位，最简单的是直接在 Photoshop 的"图像大小"界面里，可以看到图像的"像素"数值以及对应的物理单位"厘米"数值。

印刷用的文件比网页及 UI 设计的文件大很多，这从分辨率上就能看出来。

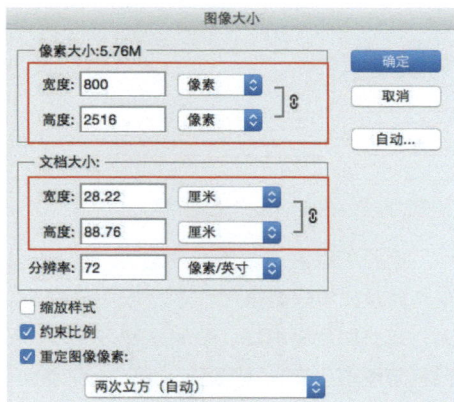

● 图像大小界面1

1.11　图像尺寸调整

正常情况下，我们都会用专业图像处理软件 Photoshop 来调整图像尺寸，它的"图像大小"和"画布大小"非常灵活，可满足图像尺寸的各种调整要求。

1. 图像大小

"图像大小"界面就是文档大小和分辨率的调整界面，在该界面可以只调整文档大小，也可以只调整分辨率，还可以两样同时调整，当然图像质量会有所不同，我们来操作一下就明白了。

只调整文档大小

　　打开一张图片，单击"图像"→"图像大小"，在"图像大小"界面中勾选"约束比例"和"重定图像像素"复选框，然后你就可以任意修改宽度或高度其中一个数据，另外一个数据会自动按比例改变。值得注意的是，数据只能改小，这样能保持图像的精度，如果将数据改大，图像只会越来越模糊。

　　约束比列的好处就是不会使图像变形。

● 图像大小界面2

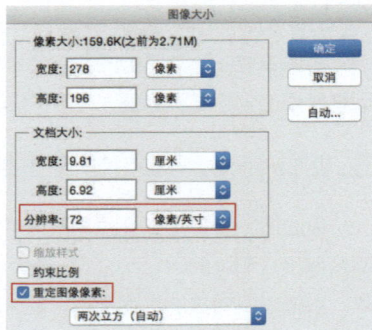

只调整分辨率

　　如果你需要的图片无须有太高的分辨率，比如网页设计用的图片，只需要 72 像素 / 英寸，你可以选择只调整分辨率。

　　具体操作是只勾选"重定图像像素"，然后在"分辨率"处调整数值，后面的"像素 / 英寸"无须调整。

● 图像大小界面3

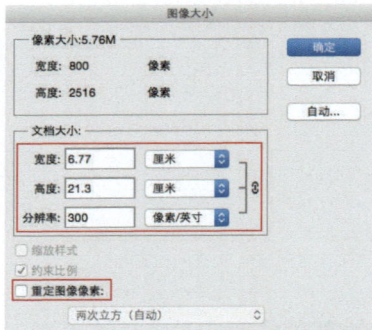

既调整文档大小，又调整分辨率

　　我们下载的很多素材的分辨率为 72 像素 / 英寸，用于印刷是不够的。这个时候如果只调整分辨率，而保持文档大小不变，那么图像就会被强行拉大，拉大后就会模糊。最保险的方法是，不要勾选"重定图像像素"，然后把"分辨率"数值调整为"300"，文档大小会按照你自定义的分辨率自动换算。

　　这种方法能确保图像质量和之前一模一样，完全不改变。

● 图像大小界面4

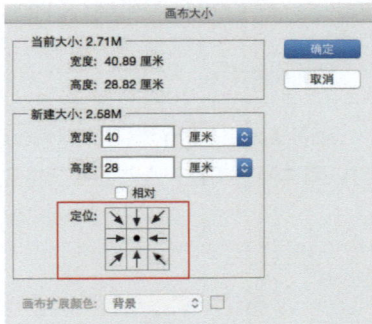

2. 画布大小

　　画布大小指的是显示画布边框的大小，它的改变不会使图像质量发生变化，但是会使图像大小发生变化，简单来说，就是在定义数据内的画布裁剪。它还有个"定位"功能，支持从上、下、左、右任意裁剪画布，非常方便。

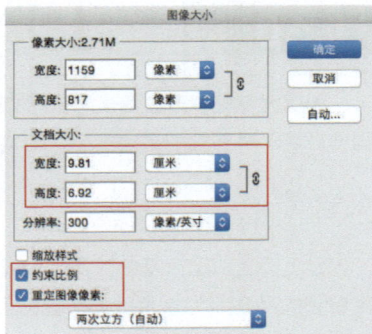

● 画布大小界面

1.12 色板设置

很多人喜欢用拾色器来调色，因为很便捷，但这样做不方便日后的改版，因为每次填充都要选择一次，比较麻烦。建议把常用的颜色存到色板上，最好是全局色。

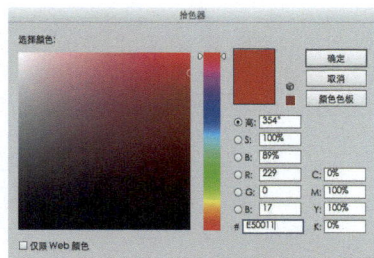

● 色板1

矢量软件的色板本身就自带一些常用颜色和一些混合色，如果不够用，可再添加一些颜色。这里推荐 Illustrator 的色板模式，它的颜色分类很科学，特别适合印刷拼版用。

我们来看看 3 种一样色值的红色，你有没有看到红色的图标有所不同？我们放大来看看同样颜色的 3 种类型。

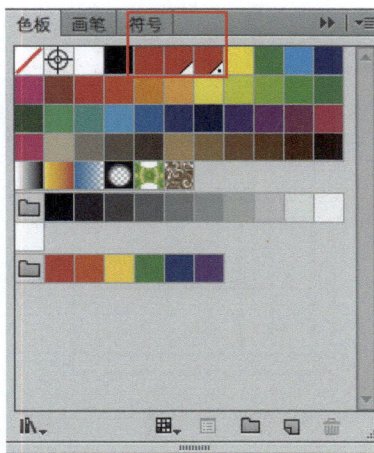

● 色板2

方形的图标表示普通的印刷色。

方形缺一个角的图标表示全局色，全局色就是链接文件的颜色。当你改变全局色时，文件中使用这种颜色的地方就会跟着自动更新，这个功能非常方便文件后续的修改。只需在色板设置处勾选"全局色"。

方形缺一个角并且有一个小黑点的图标表示专色。专色是一种印刷特定色，是以一个版就能印刷的颜色。专色部分的知识很广泛，在后面的章节我会更详细地讲解。在色板设置处的颜色类型中选择"专色"即可。

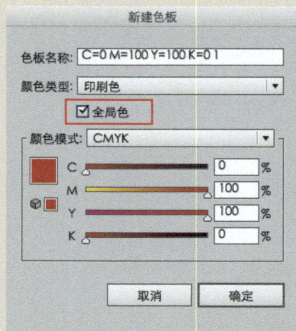

● 全局色设置

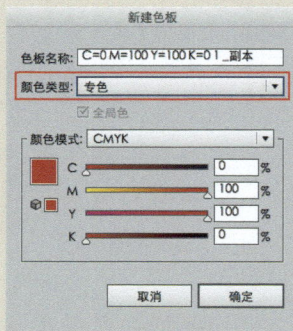

● 专色设置

1.13　印刷流程

印刷是一个复杂的过程，从一开始的设计到印刷，要经历很多个程序。

设计制作→数码打样→校对→传送文件印刷厂→拆色拼版→制作 PS 版→调油墨→上机印刷→覆膜→特殊工艺→模切→装订或粘盒→检验出货。

印刷厂的生产周期一般为 4 个工作日，印刷后如果后加工较多，如有裱糊、模切、烫金等工艺，一般会多于 4个工作日。

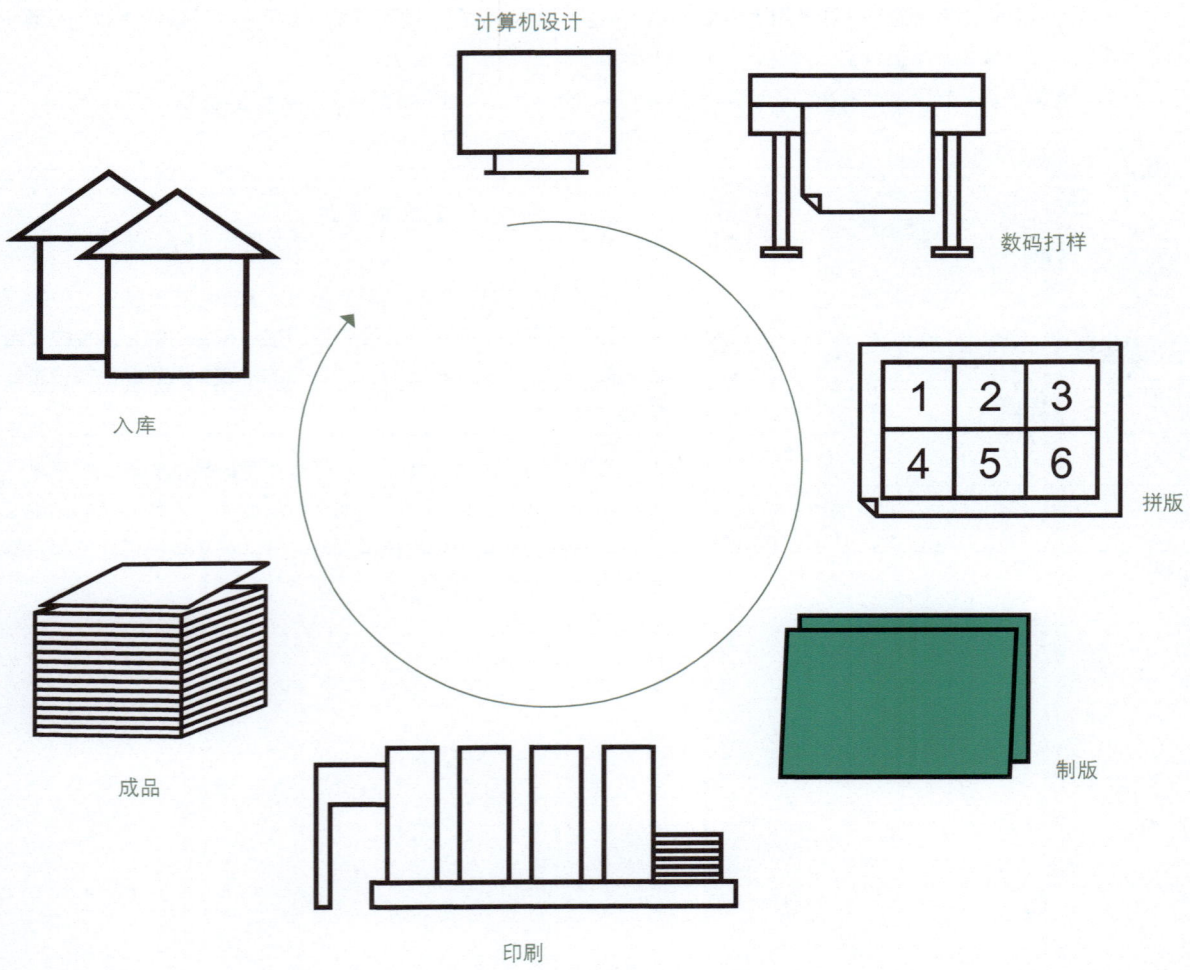

计算机设计

数码打样

拼版

制版

印刷

入库

成品

● 印刷流程图

第 2 章

字体与线条

文字是记录和传达信息的书写符号。
其中，中文字体和英文字体使用最广泛，本章会重点讲这两种。

2.1　印刷常用中文字体

2.1.1　宋体

1. 概述

宋体是印刷界应用最广泛的字体，源于宋朝，因而得名。它的出现是为了适应印刷的需要，宋体笔画横细竖粗，起笔及转折吸收了书法字体的特点，用顿笔来装饰。我们通常把装饰部分称为衬线，所以宋体属于衬线字体。

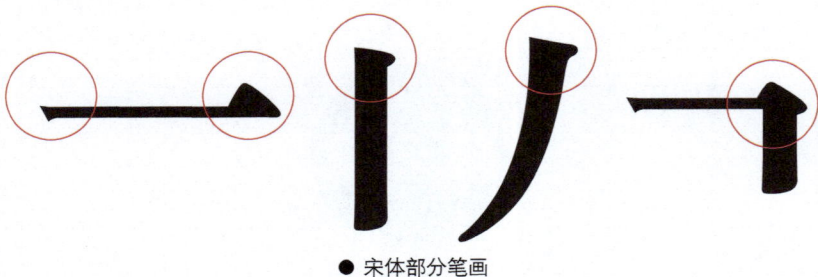

● 宋体部分笔画

2. 分类

宋体的"家族"非常庞大，印刷常用的宋体有书宋、中宋、大宋和仿宋。

书宋　　中宋　　大宋　　仿宋

3. 应用

宋体字正大方、结构合理、清新爽目，给人舒适的感觉。笔画较细的书宋适用于书刊、画册、报纸和网页等的正文部分，笔画较粗的大宋则适用于标题和标注等。中宋比书宋稍粗一些，醒目又清晰，适用于引题、小标题、提示部分。

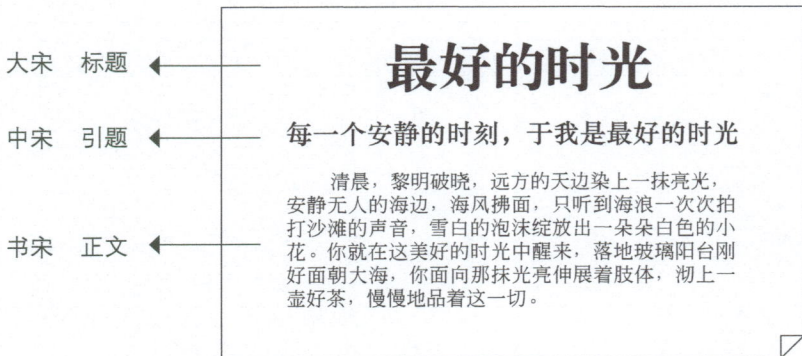

大宋　标题　←　　**最好的时光**

中宋　引题　←　　**每一个安静的时刻，于我是最好的时光**

书宋　正文　←　　清晨，黎明破晓，远方的天边染上一抹亮光，安静无人的海边，海风拂面，只听到海浪一次次拍打沙滩的声音，雪白的泡沫绽放出一朵朵白色的小花。你就在这美好的时光中醒来，落地玻璃阳台刚好面朝大海，你面向那抹光亮伸展着肢体，沏上一壶好茶，慢慢地品着这一切。

● 宋体排版页面

2.1.2 黑体

1. 概述

黑体又称方体或等线体，是一种笔画横平竖直，笔迹差不多一样粗细，结构饱满的字体。黑体笔画没有装饰部分，属于无衬线字体。

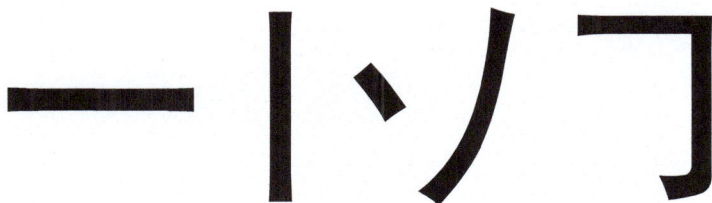

一 丨 ソ フ

● 黑体部分笔画

2. 分类

黑体种类很多，按照笔画粗细可分为细黑、中等线、中黑、大黑和特粗黑。

细黑	细黑，从字面意思就能理解，是笔画纤细的黑体，适用于正文部分。细黑笔画太过纤细，不宜使用太小的字号
中等线	很多设计师偏爱中等线，因为它笔画细、不臃肿，令人感到轻松舒适，适用于书刊、画册、报纸、网页等的正文部分
中黑	中黑的笔画明显比细黑粗很多，适用于引题和小标题
大黑	大黑和特粗黑笔画粗大，适用于大标题和标语等
特粗黑	

3. 应用

根据黑体的特性,黑体排版页面一般如下。

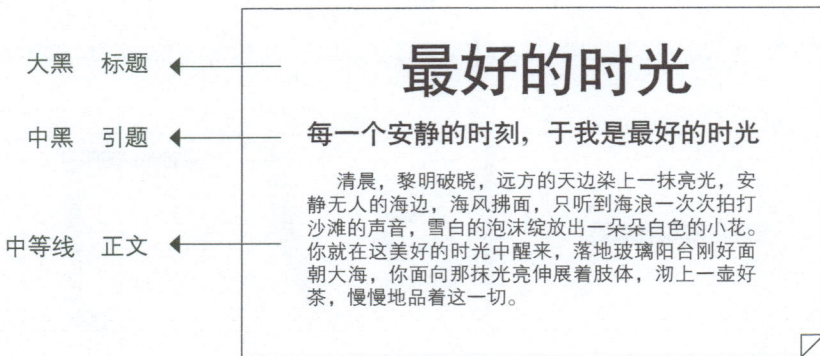

大黑　标题 ←

中黑　引题 ←

中等线　正文 ←

最好的时光

每一个安静的时刻,于我是最好的时光

清晨,黎明破晓,远方的天边染上一抹亮光,安静无人的海边,海风拂面,只听到海浪一次次拍打沙滩的声音,雪白的泡沫绽放出一朵朵白色的小花。你就在这美好的时光中醒来,落地玻璃阳台刚好面朝大海,你面向那抹光亮伸展着肢体,沏上一壶好茶,慢慢地品着这一切。

● 黑体排版页面

如今,越来越多的字体设计公司研发出各种黑体,这些黑体大同小异,都具备笔迹大致一样粗直、无衬线的基本特征。还有一些新型的字体,既有黑体粗直的笔画,又有衬线装饰,定义及分类起来比较麻烦。

2.1.3 楷体

楷体又称正楷、正书,接近手写体,由古代书体正楷发展而来。楷体笔画直,字形端正,古人觉得这种字体是字中楷模,因而得名。

回想一下自己小时候学字、练字,你一定还有印象,几乎都是从楷体开始的。在现代印刷中,楷体多用于教材、标题、短文和批注等。

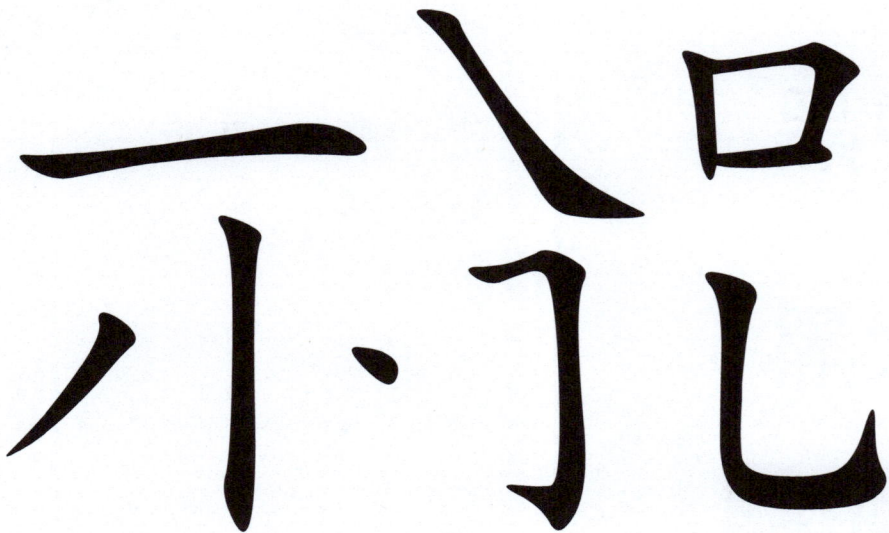

● 楷体部分笔画

2.1.4 美术字体

美术字体是指除常用的宋体、黑体等之外，对笔画结构进行再创新的字体，如 POP 字体、立体字体、断裂字体、手写体等。它的作用在于美化版面、提高品位，适用于大、小标题。由于美术字体具有创造性和个性化的特点，很多公司用它来设计公司名称、标志和产品名称等。

● 美术字体

2.2 印刷常用英文字体

外文字中使用最广泛的是拉丁字母，它字形简单，便于书写，世界上超过 60 个国家 / 地区都在使用它，中国的汉语拼音及部分少数民族文字也采用拉丁字母。在字体的选择上，我们通常以英文字体为主。

2.2.1 英文字体的分类

种类繁多的英文字体按照形状特征分类，可简单分为衬线字体和无衬线字体两种。衬线字体的字脚有装饰部分，而无衬线字体的字脚则无任何装饰。

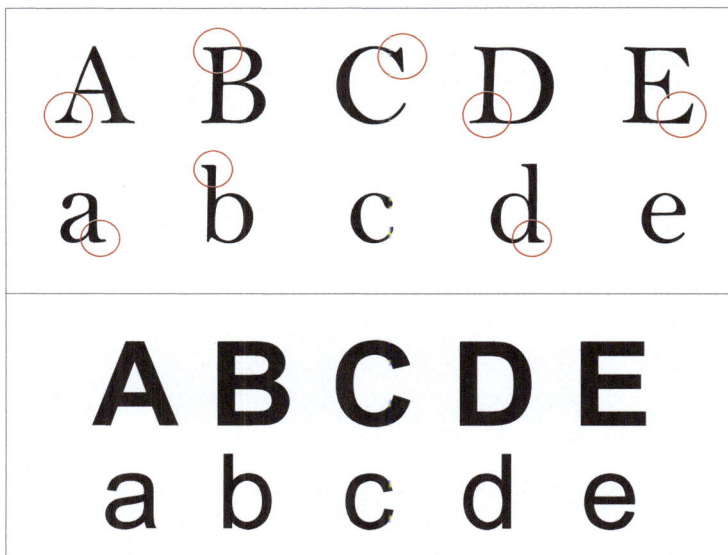

● 衬线字体和无衬线字体

很多英文字体的名称都有后缀，以标注同一字体的不同样式，一般包括细体、中粗体、粗体、斜体等。常见的后缀有 Regular 、UltraLight、Medium、Bold 和 Italic。

Regular 　标准体

UltraLight 　极细体

Medium 　中粗体

Bold 　粗体

Italic 　斜体

2.2.2　5种常用英文字体

1.Helvetica

Helvetica 诞生于 1957 年，是一款被广泛使用的无衬线字体。

Helvetica

ABCDEFGHIJKLMN
abcdefghijklmn
1234567890

2.Garamond

Garamond 是一款古典而优雅的衬线字体，广泛运用于高级场合或高端产品。

Garamond

ABCDEFGHIJKLMN
abcdefghijklmn
1234567890

3.Frutiger

Frutiger 是一款无衬线字体，字形整洁、美观，简单易读，深受广告印刷行业的欢迎。

Frutiger
ABCDEFGHIJKLMN
abcdefghijklmn
1234567890

4.Bodoni

Bodoni 是 Giambattista Bodoni（金姆巴堤斯塔·博多尼）设计的字体，以他的名字命名。他是一位字体设计师，被称为"印刷之王"，他设计的字体被誉为"现代主义风格最完美的体现"。

Bodoni
ABCDEFGHIJKLMN
abcdefghijklmn
1234567890

5.Arial

Arial 是一款无衬线字体，为免费字体。它的字形和 Helvetica 非常相似，二者经常被混淆。

Arial
ABCDEFGHIJKLMN
abcdefghijklmn
1234567890

2.3　印刷字号

2.3.1　字体大小的计量标准

目前，国内主要采用号制和点制两种计量字体大小的标准。

1. 号制

号制分为 9 个等级：初号、一号、二号、三号、四号、五号、六号、七号、八号。其中很多号字又增生有小一号字，作为两个字号的过渡字号。字号越小，字体越大。初号字最大，八号字最小。

号制简单方便，在国内被广泛使用，Microsoft Word 就是带有常用字号的软件。

初号

小初

一号

小一

二号

小二

三号

小三

四号

小四

五号

小五

六号

小六

七号

八号

2. 点制

点制又称磅制，由英文 "point" 的音译而来，一般用 "p" 或 "pt" 来表示。这里说的 "点" 是印刷行业计量字体大小的基本单位。

1 磅 ≈ 0.350mm

常用的设计软件基本都使用点制计量标准，Illustrator、CorelDraw 等软件使用的单位为 "pt"，而 Photoshop、InDesign 等软件则以 "点" 为单位，其实都是同一意思。

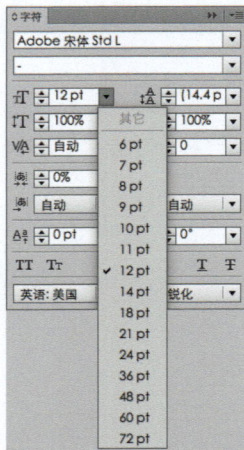

● Illustrator软件字体点制界面

2.3.2 印刷最小字号

其实所谓最小字号是没有标准的，因为相同字号的不同字体，显示的大小会不一样，比如同字号的楷体就比宋体和黑体小一些，一般我们都会特意将楷体放大一个字号来使用。不同材料对各字号字体的印刷效果也不一样，比如铜版纸能轻松印刷出 5pt 字，瓦楞纸就不行，印刷出来的字模糊不清。

就胶版印刷而言，10.5pt 字是报刊常用字号，6pt 字是正常阅读范围内的最小字号，再小一些如 5pt 字或 4pt 字也能看，3pt 字看起来就很吃力了，而且 3pt 字在印刷时如果压力过大，笔画根本印不出来。

3pt	黑体	宋体	楷体
4pt	黑体	宋体	楷体
5pt	黑体	宋体	楷体
6pt	黑体	宋体	楷体
7pt	黑体	宋体	楷体
8pt	黑体	宋体	楷体
9pt	黑体	宋体	楷体
10pt	黑体	宋体	楷体
11pt	黑体	宋体	楷体
12pt	黑体	宋体	楷体
13pt	黑体	宋体	楷体
14pt	黑体	宋体	楷体
15pt	黑体	宋体	楷体

2.4　印刷字体颜色

1. 黑色字

黑色耐看且易搭配，能令人久看不疲劳，所以黑色字深受印刷界喜爱。我们这里说的黑色不是 4 色黑，而是单黑，也就是 C0、M0、Y0、K100 色值的黑。C、M、Y 的色值一定要为 0，这样制版只需要一个版，印刷改版都很方便。如果 C、M、Y 的色值不是 0，印刷后会出现偏色或套印不准等问题。

ABC　　ABC　　ABC

单黑文字	4 色黑文字	4 色黑文字套印不准时
C0	C100	C100
M0	M100	M100
Y0	Y100	Y100
K100	K100	K100

● 黑色字印刷效果

如果黑色字在纯白色的背景里，属性设置可以不需要理会。但如果黑色字的背景不是纯白色，而是其他 4 色的时候，就必须勾选"属性"里的"叠印填充"。这样可以确保印出来的黑色字没有白边露出来。

● 叠印填充界面

2. 白色字

在白色纸上印：4 色印刷中是没有白色油墨的，露出纸的部分的颜色就是白色。所以要印白色字，C 、M、Y 、K 版都镂空反白即可。

在有色纸上印：有些纸不是白色的，这时，如果按照上面的处理方法，镂空后印出来的字就是纸的颜色而不是白色了。处理的办法很简单，就是用白色油墨。你一定会说我自相矛盾，刚刚还说没有白色油墨。这里所说的白色油墨是专色油墨，是盖住底色专用的一种油墨。

值得注意的是，不管是白色纸还是有色纸，白色字的笔画都不要太细，否则容易套印不准。

3. 彩色字

正文字体一般都不会很大，如果是 4 色"撞"出来的颜色，套印也麻烦。所以彩色字尽量只用 CMYK 中的一种色，一种色就是一个版，调色也更简单。一定要有颜色的话，最多用 3 种色。

2.5　印刷线条

　　线条在设计中经常使用,主要用来划分段落、装饰画面。线条粗细的计量标准也是点制,单位和字体一样,为"pt"或"点"。由于印刷工艺限制,0.1pt 以下的线条很难印出来。

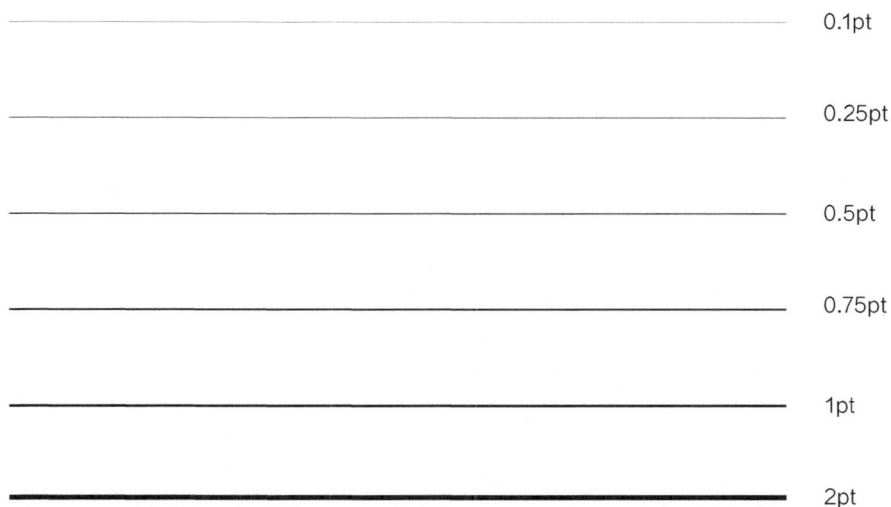

　　　　　　　　　　　　　　　　　　　　　　　　　　　　0.1pt

　　　　　　　　　　　　　　　　　　　　　　　　　　　　0.25pt

　　　　　　　　　　　　　　　　　　　　　　　　　　　　0.5pt

　　　　　　　　　　　　　　　　　　　　　　　　　　　　0.75pt

　　　　　　　　　　　　　　　　　　　　　　　　　　　　1pt

　　　　　　　　　　　　　　　　　　　　　　　　　　　　2pt

　　线条的用色原理和字体一样,尽量用单色或专色,特别是细线条,用 4 色经常套印不准。比如凹版印刷塑料薄膜,不仅要将 4 色线条改为单色或专色,还要将极细的线条改粗,一般改到 0.5pt 以上才能制版印刷。

计算机里的文件可能是这样的　　　　　　　　　　　实际印出来的塑料薄膜成品是这样的

● 凹版印刷线条对比图

第 3 章

纸张开数与拼版

常用印刷纸分为卷筒纸和平板纸两种。原则上文件尺寸可任意设置，如果使用卷筒纸，可以任意设置尺寸；如果使用平板纸，就能在开数范围内最大限度地利用纸张。

3.1 纸张开数

3.1.1 开数的定义

开数是指一张全开纸能裁切成多少张相同大小的纸。将全开纸对折并裁切成两张纸，称为对开或 2 开；将对开纸再对折并裁切开，称为 4 开，其他开数以此类推。这种双对称的开法称为对开法。

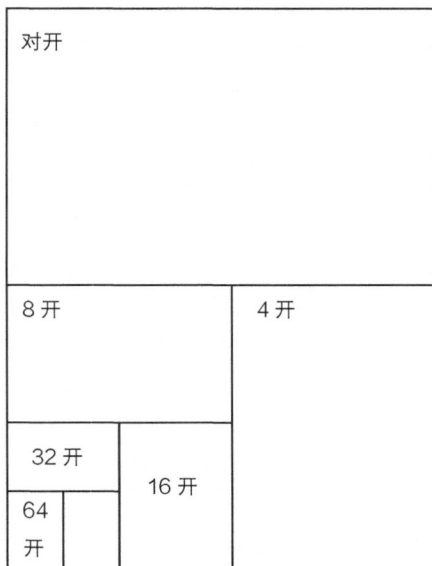

● 对称开数分割图

还有一些开法不是对称开法，而是以 3 的倍数或者 5 的倍数等来开纸，或者先对开、后不对称开，如 3 开、9 开和 25 开等，这种不对称的开法称为偏开法。

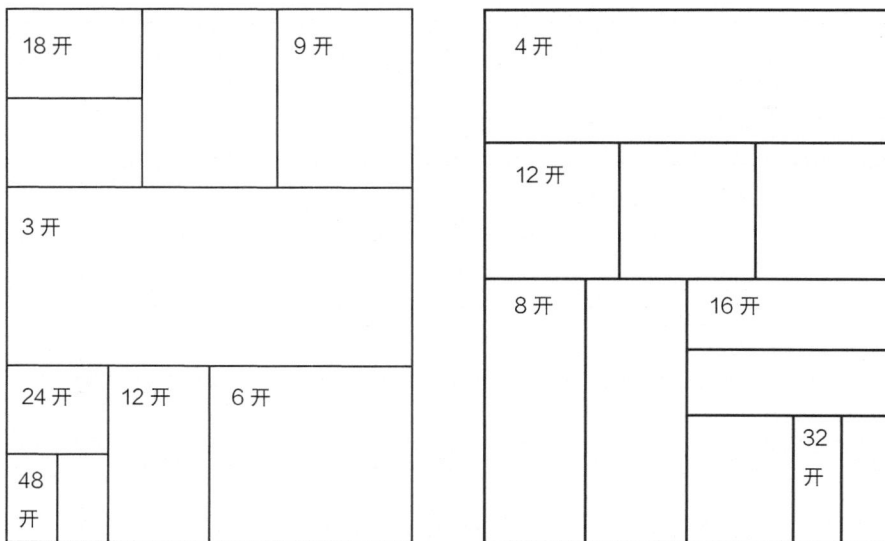

● 特殊开数分割图

3.1.2　大度与正度

纸张分正度和大度两种规格：正度为国内标准，尺寸为 787mm×1092mm；大度为国际标准，尺寸为 889mm×1194mm。纸张最原始的尺寸称为毛尺寸，真正用于印刷还要光边。

光边是指纸张边缘有一些毛边，无法印刷，需要裁切掉，一般是 3mm。

常见纸张开度表
（光边后，单位：mm）

全开
正度：780×1080
大度：882×1182

对开
正度：540×780
大度：590×882

正度：390×1080
大度：440×1182

3开
正度：360×780
大度：394×882

正度：260×1080
大度：294×1182

正度：390×690
大度：440×742

4开
正度：390×540
大度：440×590

正度：270×780
大度：295×882

正度：195×1080
大度：220×1182

5开
正度：330×450
大度：380×502

正度：260×560
大度：294×594

6开
正度：360×390
大度：394×440

正度：260×540
大度：294×590

正度：270×510
大度：295×587

7开
正度：260×410
大度：294×444

正度：216×540
大度：236×590

正度：154×780
大度：168×882

8开
正度：270×390
大度：295×440

正度：194×540
大度：220×590

9开
正度：260×360
大度：294×394

正度：230×390
大度：247×440

正度：195×445
大度：220×480

10开
正度：216×390
大度：236×440

正度：260×280
大度：294×297

正度：230×320
大度：270×340

11 开　正度：210×360　大度：236×394　　正度：260×272　大度：294×300

12 开　正度：260×270　大度：294×295　　正度：180×390　大度：197×440　　正度：195×360　大度：220×394

13 开　正度：216×282　大度：236×322　　正度：135×475　大度：147×517

14 开　正度：156×384　大度：176×451　　正度：195×295　大度：220×320　　正度：216×270　大度：236×323

15 开　正度：216×260　大度：236×294　　正度：180×300　大度：197×342　　正度：156×360　大度：176×394

16 开　正度：196×270　大度：220×295　　正度：135×390　大度：147×440

18 开　正度：180×260　大度：197×294　　正度：130×360　大度：147×394

20 开　正度：195×216　大度：220×236　　正度：156×270　大度：176×295　　**21 开**　正度：155×260　大度：163×295

24 开　正度：130×270　大度：147×295　　正度：180×195　大度：197×220　　正度：135×260　大度：147×294

正度：172×195　大度：185×220　　**25 开**　正度：156×216　大度：176×236

26 开　正度：154×208　大度：168×238　　正度：156×204　大度：176×218　　正度：130×237　大度：147×258

27 开　正度：120×260　大度：131×294　　正度：130×238　大度：147×258　　正度：141×216　大度：161×236

28 开　正度：111×270　大度：126×295

　　正度：155×195　大度：168×220

　　正度：156×192　大度：176×207

30 开　正度：156×180　大度：176×197

　　正度：130×216　大度：147×236

32 开　正度：135×195　大度：147×220

　　正度：97×270　大度：110×295

36 开　正度：130×180　大度：147×197

　　正度：120×195　大度：131×220

40 开　正度：135×156　大度：147×176

50 开　正度：108×156　大度：118×176

64 开　正度：97×135　大度：110×147

　　上面讲的是裁去毛边后的印刷尺寸，实际到手的成品尺寸还要小一些。在这些开数的基础上，减去咬口位和出血位后，才是拿到手的成品的净尺寸。

　　咬口位是指印刷机进纸时夹住纸的位置，通常将纸的长边定为咬口位，宽度为 5~15mm。咬口位无法印刷，属于无法着墨区域。

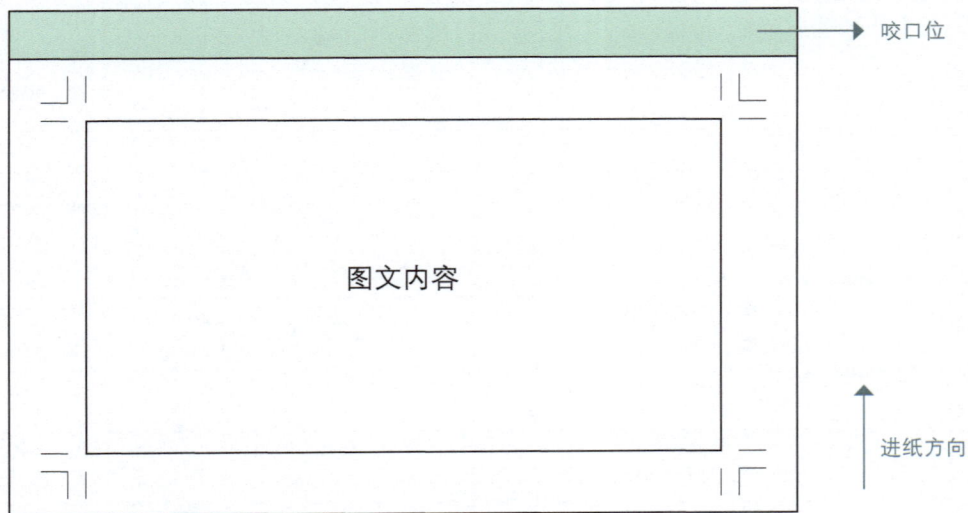

图文内容

咬口位

进纸方向

● 印刷咬口位图

常见成品尺寸表

开数	正度尺寸（单位：mm）	大度尺寸（单位：mm）
全开	760×1060	860×1160
对开	520×760	570×860
4 开	370×520	420×570
8 开	260×370	285×420
16 开	185×260	210×285
32 开	130×185	140×210
64 开	90×130	105×140

3.1.3 A、B、C类纸

除了大度纸、正度纸，我们还经常看到 A、B、C 类纸，它们属于固定尺寸纸，采用国际标准开数，国内采用这种开数的纸也很多，多用于画册、明信片、信封等。A、B、C 类纸是以字母和数字来命名、区分大小的，字母代表纸的幅面种类，数字代表纸的大小。A 类纸是以 2 的倍数来开纸，A0 代表全开，A1 是 A0 的 1/2，A2 是 A1 的 1/2，以此类推，数字越大，纸的尺寸越小。

B、C 类纸也是按照 2 的倍数来开纸，但是 A 类纸的应用最广泛，行政办公大部分使用 A4 纸。

A 类

A0—841mm×1189 mm   **A1**—594mm×841 mm

A2—420mm×594 mm   **A3**—297mm×420 mm

A4—210mm×297 mm   **A5**—148mm×210 mm

A6—105mm×148 mm   **A7**—74mm×105 mm

A8—52mm×74 mm

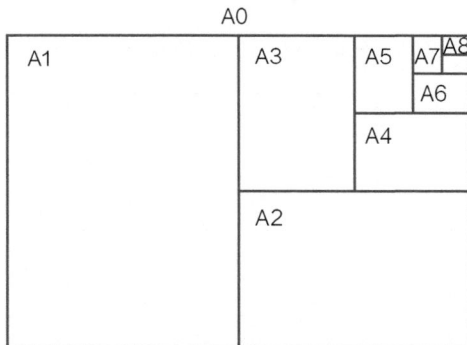

● A类纸分割图

B 类

B0—1000mm×1414 mm   **B1**—707mm×1000 mm   **B2**—500mm×707 mm   **B3**—353mm×500 mm

B4—250mm×353 mm   **B5**—176mm×250 mm   **B6**—125mm×176 mm   **B7**—88mm×125 mm

B8—62mm×88 mm

C 类

C0—917mm×1297 mm   **C1**—648mm×917 mm   **C2**—458mm×648 mm   **C3**—324mm×458 mm

C4—229mm×324 mm   **C5**—162mm×229 mm   **C6**—114mm×162 mm   **C7**—81mm×114 mm

C8—57mm×81mm

3.2　拼版

　　拼版就是把文件内容拼在一张适合的开度纸内印刷，以节约成本。不是每台印刷机都能全开印刷，根据印刷设备的不同，有的拼 4 开，有的拼对开等。

1. 一套印版单面印

　　有些印刷品只需要印一面，如海报、包装等，就采用一套印版单面印，一个咬口。

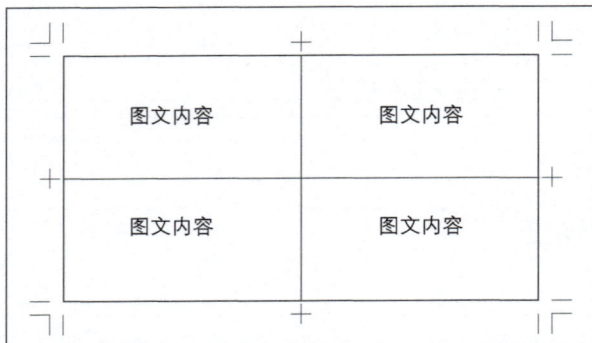

● 拼版图1

2. 一套印版双面印

　　对于宣传单张、画册、书刊等，采用自翻式印刷，一套印版双面印，一个咬口或两个咬口。

　　双面拼版画册的次序是有规律可循的，第 1 页封面和最后 1 页封底拼一起，第 2 页和第 3 页拼一起，以此类推。

　　页数少的画册可以自己拼版，页数多的弄不清如何拼怎么办？作为设计师只需要知道拼版原理，印刷厂会有专门的拼版制版人员帮你拼好。

● 拼版图2

3. 两套印版两面印

　　这种印刷叫扣版印刷，由于印刷设备限制，必须采用两套印版两面印，一个咬口。

第 4 章

胶版印刷

胶版印刷也称平版印刷，是指印版承印的部分和非承印的部分几乎在同一平面上。

4.1　4色印刷原理

4.1.1　4色油墨

胶版印刷大部分情况下采用 4 色印刷，所谓 4 色就是 C、M、Y、K，油墨也分 4 色。市面上按照 4 色印刷原理调出来的 4 色油墨质量不一，颜色也有些差别。由于厂家不同，看似一样的颜色，印出可能会有细微的差别。就算同一个厂家的油墨，在不同时间或用不同机器，印刷出来的效果也会有点儿偏差。

4.1.2　4色标准色标

好在 CMYK 有标准色标，无论出现什么偏差都有标准可以参照。你的手上最好有一本 4 色标准色标书，当你犹豫不决时，可以打开书对照色值，这样就能知道你想要的颜色印刷出来是什么效果。

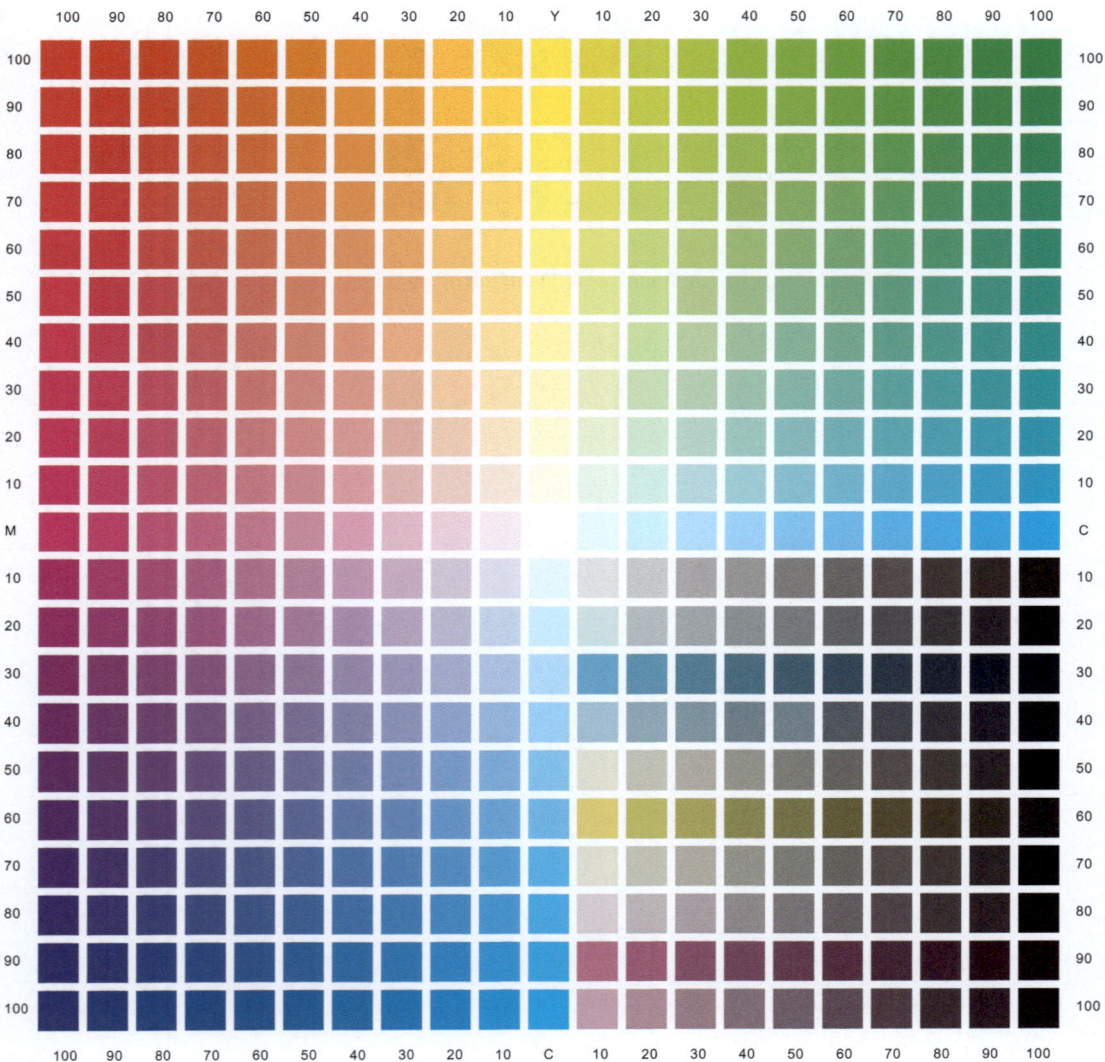

● 4色色标图

4.1.3　网线

1. 网点

　　印刷采用的是网点再现原稿，若将印刷成品放大看，就会发现它是由无数个大小不等的网点组成的。虽然我们看到的网点大小不同，但都排列规则。网点越大，印刷出来的颜色越深；网点越小，印刷出来的颜色越浅。

　　网点的排列位置和大小是由加网线数决定的，不同颜色的网点会按不同的角度交错排列，以免所有颜色的油墨叠印在一起。

　　设计师知道网线原理就可以了，印刷厂的专业制版师会根据印刷文件及印刷机要求定好相应的加网线数。

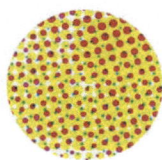

单黑版网线

4 色网线放大后呈现
的不同颜色的网点

● 印刷网线图

2. 挂网

　　为什么网点有疏密之分？这是挂网的原因。100% 网点是指油墨全部覆盖网点排列位置，我们称为"实地"；50% 挂网是指油墨覆盖网点位置的 50%，以此类推。值得注意的是，挂网最好不要低于 5%，如果网点太少，实际印刷成品就看不出颜色效果了。

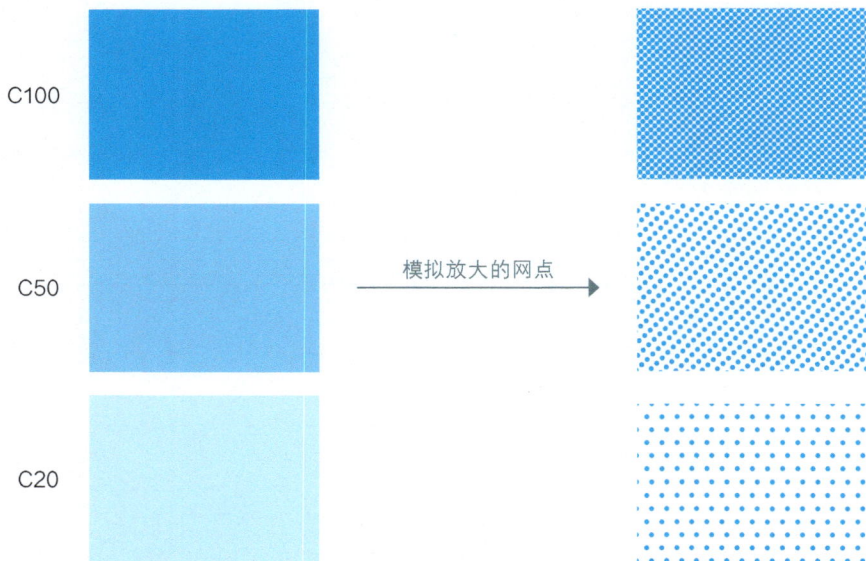

C100

C50

模拟放大的网点

C20

● 挂网图

4.1.4　CTP制版

传统的制版用的是菲林，但是近年来菲林已被 CTP 取代。

这个就是 CTP 版，但是现在它还不能称为 CTP 版，而只能称为 PS 版：正面为绿色，背面是铝。只有经过 CTP 制版机制版后，才能称为 CTP 版。

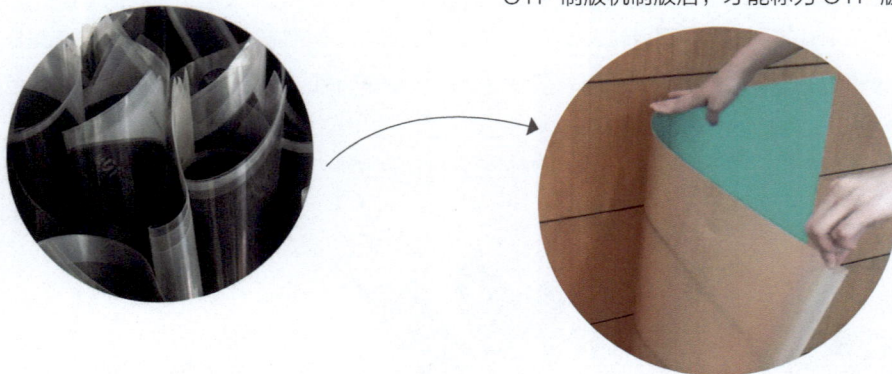

● 制版材料图

制好版后，绿色就变成灰白色了，要承印的图文则变成单色，这个时候我们称它为 CTP 版。文件有多少种套色，就出多少个版，效果如下。

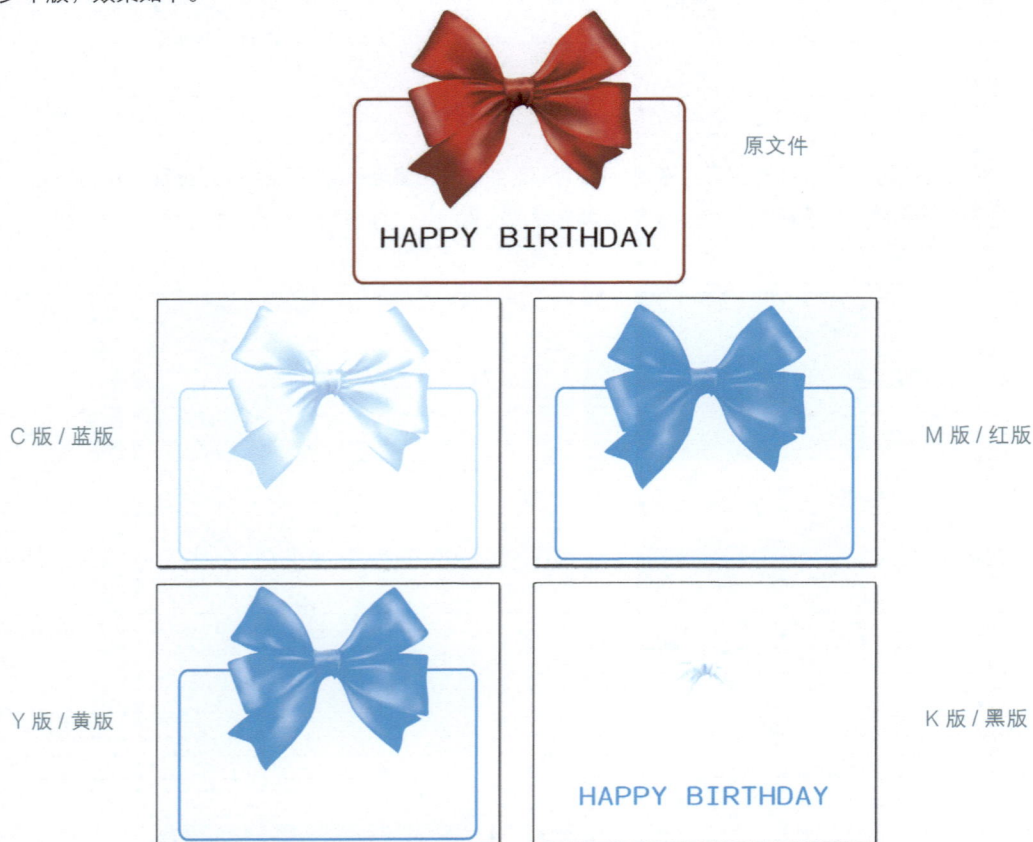

原文件

C 版 / 蓝版　　　　　　　　　M 版 / 红版

Y 版 / 黄版　　　　　　　　　K 版 / 黑版

● 4色制版图

4.1.5 上机装版

印刷机的油墨色序是按照油墨的覆盖能力来排的，一般色序为 Y—M—C—K，印版也会按照这个色序来安装。但是如果印刷有人物或食物等的图片，需要成品色泽鲜亮一些时，Y 版就会调到 K 版之后，即色序为 M—C—K—Y。

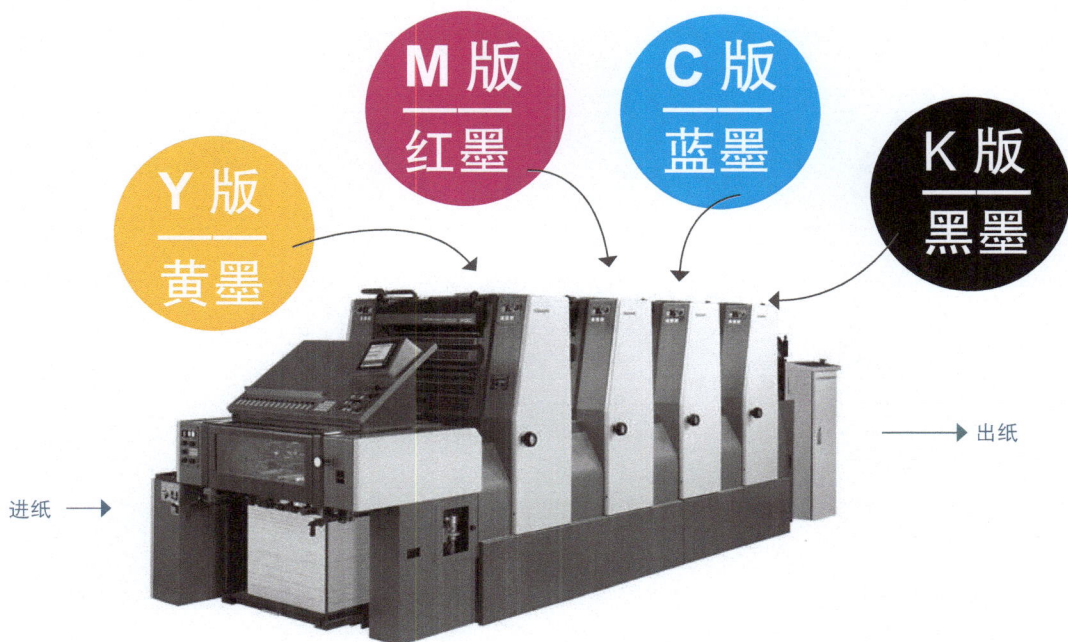

● 4色印刷机

下面用一张简单的结构图说明一下 4 色印刷原理。

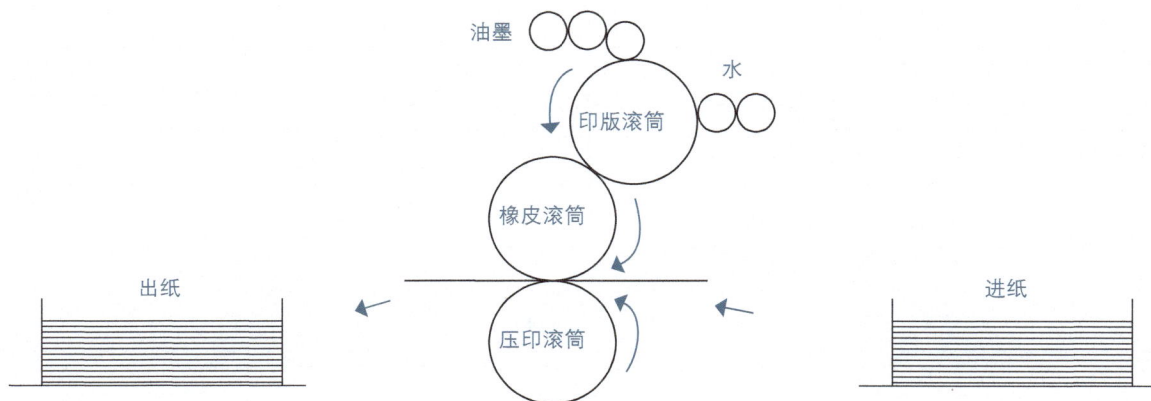

● 4色印刷机结构图

4.2　叠印、套印、陷印

1. 叠印

叠印又称压印，是指将一种颜色印在另一种颜色之上。由于 4 色油墨有一定的透明性，叠印后油墨会出现混合现象。叠印用得最多的颜色是单黑，其他颜色一般不做叠印，只需 4 色输出印刷。

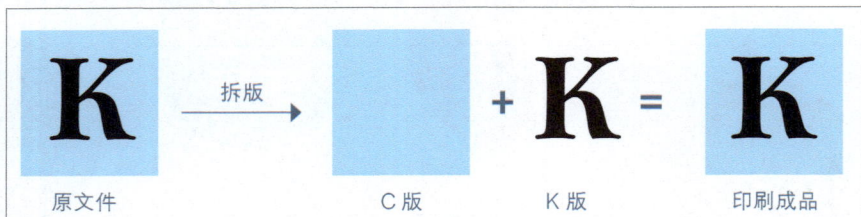

● 叠印图

Q 怎么把握 4 色叠印？

A 几种颜色相互叠印的效果很难把握，即便你在计算机上使用叠底效果，那也只是仿叠底效果，与实际印刷的效果相差很大。多色叠加的区域，经常撞成灰暗的颜色，所以多色彩的文件一般只做正常 4 色印刷。

2. 套印

套印是指为了避免油墨混合，通常在两个对象重叠时，将重叠处后印的颜色镂空，使得上下层油墨不混合。套印能很好地还原色彩，但是有个缺点，就是对于极细的文字和线条容易套不准，会露出白边（纸的颜色）。

● 套印图

3. 陷印

陷印是指扩大其中一个对象的边缘，边缘色会与前一色相互混合，即使套印偏移一点点也不会露白边，可以说陷印的出现就是为了改正上面所说的套印的缺点。通常扩大的对象为后一个印刷对象，边缘最好扩大 0.2pt 以上。

陷印适合多色套印的小字体、线条、小图形、专金和专银部分等，大面积的颜色一般不用陷印，采用套印就可以。

● 陷印图

正常情况下，陷印是扩下色不扩上色，但是有一种特殊情况需要收缩下色，那就是在金银卡纸上印白墨。金银卡纸属于金属色，反光能力很强，4 色油墨无法完全覆盖纸张的颜色，会透出金属色。如果不想透出金属色的部分，如人物、商标等，就在金银卡纸底部先印一层白墨，这种白墨就是专门用于覆盖金属色的，然后在白墨上印 4 色。

由于套印容易露边，所以白墨比上一色缩小一条边。

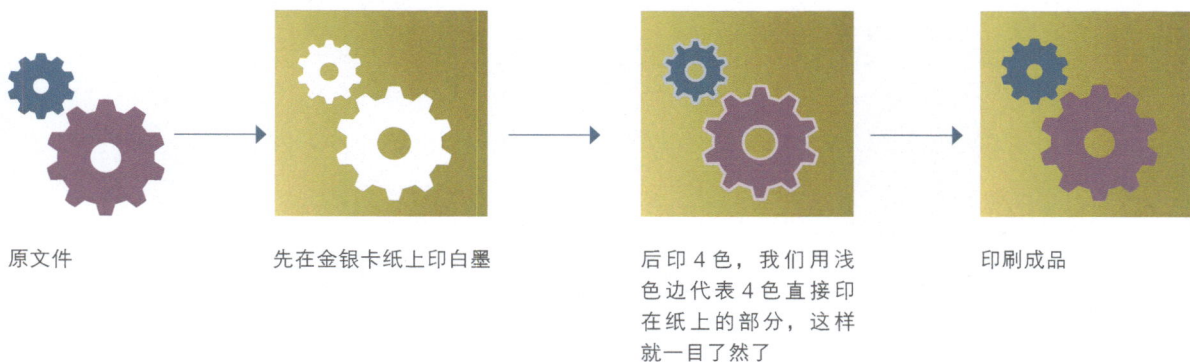

原文件　　　　　　　先在金银卡纸上印白墨　　　　后印 4 色，我们用浅色边代表 4 色直接印在纸上的部分，这样就一目了然了　　　印刷成品

● 金银卡纸陷印图

4.3 专色

4.3.1 专色的分类

专色是指印刷时不通过 CMYK 4 色合成，而是专门用一种特定油墨印刷的颜色。

专色油墨覆盖性强，不透明，印出来的颜色是实的。

专色的色域很广，超过 RGB，更别说 CMYK 了。基本上你看到的颜色，都可以调成专色。

4 色中的任何一种颜色都可以转换成专色来印

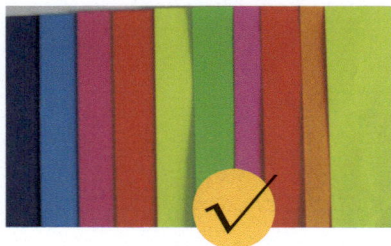

各种荧光色

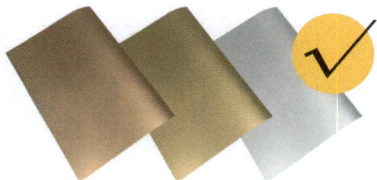

红金、青金、银色

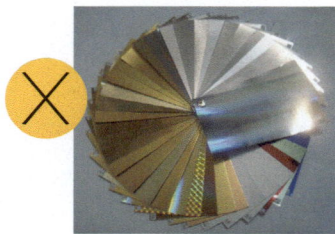

金银卡纸、铝箔等的颜色是金属色，是材料本身的颜色，专色印不出来

● 专色分类图

4.3.2　什么情况下用专色

1. 只印一两种颜色

如果你的文件只有一两种颜色，那么，把颜色分别改为专色能更好地节省成本，因为制版时一个专色一个印版。

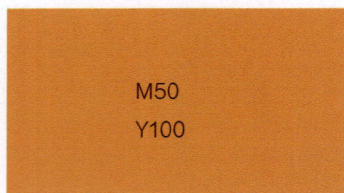

M50
Y100

如果用 4 色印，就要出 **M** 和 **Y** 2 个版；

如果用专色印，只需要出一个印版。

2. 文件颜色是同一色调

当文件颜色是同一色调渐变时，比如下面这张图，你以为有多少层渐变就出多少个版吗？其实出一个专色版，并对渐变的地方进行挂网处理即可。

100%　　挂网 50%　　挂网 20%

挂网就是印刷时颜色产生网点的比例。按实地 100 点算，挂网 50% 就是五成的点，挂网 20% 就是两成的点。

3. 保证主色调不偏色

由于专色能够保证不偏色，准确性高，当印刷文件以一大片底色为主色调时，可以设定其主色调为专色，这样能很好地控制颜色。

如果用 4 色印刷，就要出 C、M、Y、K **4 个版**。

如果将黄色底色做成专色，中间的蝴蝶图片保留 4 色，那么制版时就要出 C、M、Y、K 4 个色版 + 1 个专色版，总共 **5 个版**。

● 4色加专色图

060

4. 使成品更有档次

很多设计师都喜欢用专金专银色，因为金银色比较凸显档次。普通 4 色是印不出金银色的，因为金银色是有金属反光效果的。

巧用专金专银色，可以让你的设计效果更加丰富完美。

● 专金色印刷品

4.3.3　怎么选专色

1. 方法一：4 色转换成专色

4 色中的任何颜色都可以转换成专色来印刷。把你想要做成专色的颜色在色板里定义成专色，或者在文件上标注清楚，只要印刷厂能看明白即可。

2. 方法二：利用现成的色样

找到已经印好的一些印刷品，剪下有你想要的颜色的一块当作色样，然后交由印刷厂照着调出这种颜色。选取的色样区域颜色一定要均匀，要避开挂网的区域。

● 专色选样图

3. 方法三：　运用 PANTONE 色卡

PANTONE 是美国著名的油墨品牌，它把自己生产的所有油墨都做成了色谱、色卡，并已成为印刷颜色的标准之一。PANTONE 色卡因色彩配比精密而成为公认的"颜色交流语言"，用户如果需要某种颜色，按色卡标定即可。

PANTONE 色卡用途广泛，具有权威性，涵盖印刷、纺织、塑胶、绘图、数码科技等领域。当然其他国家如德国、日本等也有很好的油墨品牌，但目前 PANTONE 在国内最常见。

● PANTONE色卡

由于 PANTONE 色卡的广泛使用，设计软件都有 PANTONE 色库，用户可使用它进行颜色定义。PANTONE 的每种颜色都有其唯一的编号，用户可直接选择 PANTONE 色编号，或者在计算机中输入编号找到相应的颜色。

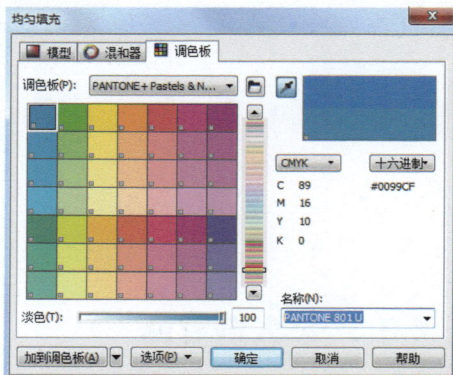

● CorelDraw调色板界面

你可能会发现 PANTONE 色编号后面的字母有 C 和 U 两种，C 是 Coated（涂布）的首字母，U 是 Uncoated（无涂布）的首字母。

我们日常用的纸一般分为两种，一种是表面光滑的涂布纸，另一种是表面无光泽且不光滑的无涂布纸。C 代表涂布纸的印刷效果，U 代表无涂布纸的印刷效果。由于纸质不同，C 的颜色会鲜亮一些，U 的颜色则略暗沉一些，大部分印刷品都会使用涂布纸，所以 C 的使用率高一些。

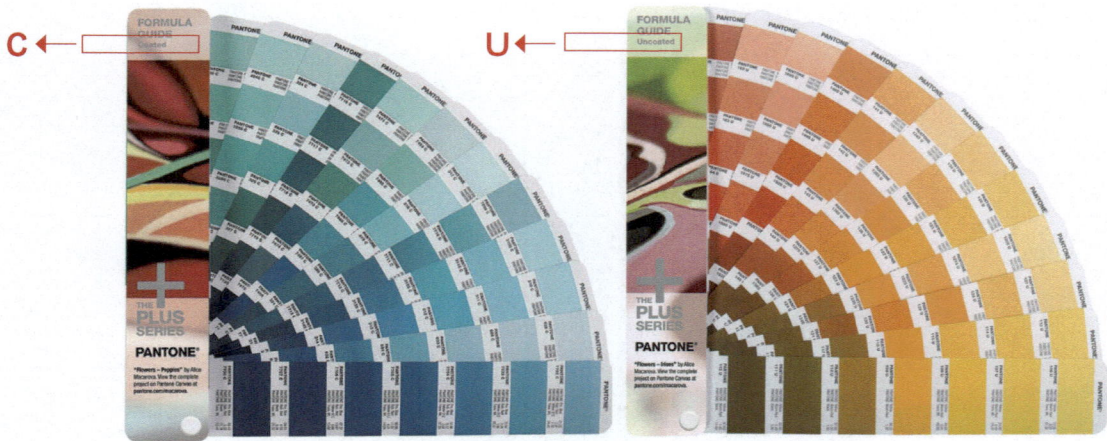

● PANTONE C、U色卡

4.3.4　如何使专色画面有层次感

1. 单色矢量图挂网

　　当图片是单色时，全部 100% 实地印刷可能会使画面单调，挂网能让画面的层次感更强。文件是矢量图就更方便调整了，只需要调整部分区域的透明度。下面这张图中（左图为原图）的圆点分别错乱挂网 20% 或 50%（右图），画面层次就丰富了很多。

原图 挂网

● 专色挂网对比图1

2. 单色位图挂网

　　当图片是彩色时，拆色很麻烦。有个很简单的解决办法，只需要在 Photoshop 里把文件模式改为"灰度"模式，图片就会变成黑白色，重新保存后导入 Illustrator，即可任意填充想要的专色。

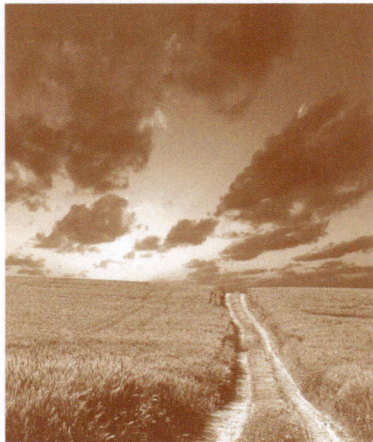

变成黑白色 填充黄色 填充棕色

● 专色挂网对比图2

第 1 章
第 2 章
第 3 章
第 4 章
第 5 章
第 6 章
第 7 章
第 8 章
第 9 章

3. 双色矢量图挂网

　　图片有两种专色时，色彩会丰富一些，但是如果可以局部挂网，交错使用，层次感会更强，两种颜色也可以印出 4 色的效果。

原图：两种实地专色　　　　　　　　　　　　挂网：两种挂网专色

● 专色挂网对比图3

4. 双色位图挂网

　　单色的位图比较单调，一般作为底图，通常会搭配一个主题，主题是另外的颜色。我们来看看下面的例子，在原图的基础上加上专金色，层次感马上凸显出来，效果更完美。

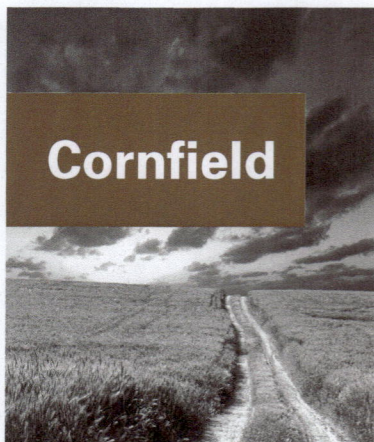

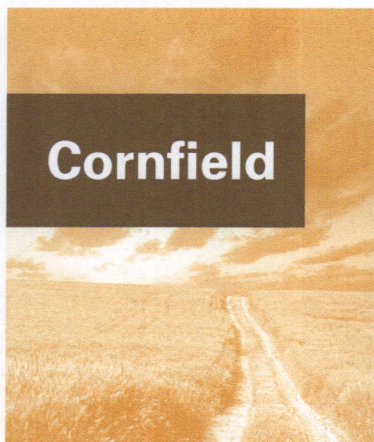

灰度底图＋专金色　　　　　黄色底图＋专金色　　　　　棕色底图＋专金色

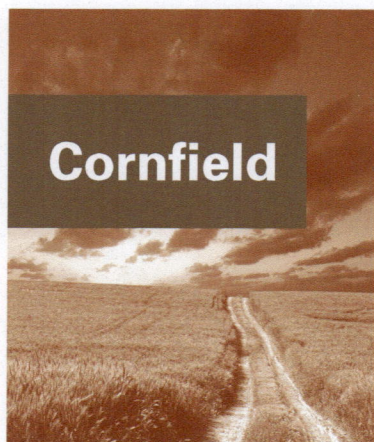

● 专色挂网对比图4

4.4　金属专色

4.4.1　金属专色的分类

基本的金属专色有 3 种：红金、青金和银（以下 3 色均为计算机模拟色），也可以说是金银色。

● 金属专色

4.4.2　金属专色的延伸

如果你以为金属专色或者说金银色这么单一，那你就错了。当金银色在印刷时和 4 色叠印，不同的印刷顺序会产生千变万化的颜色效果。

关于 4 色加金银色的叠色，有专门的叠色手册，有需要的设计师可以备一本来学习。

1. 先印金银色，以金银色为衬底，在上面印 4 色的效果

金银色 + 4 色

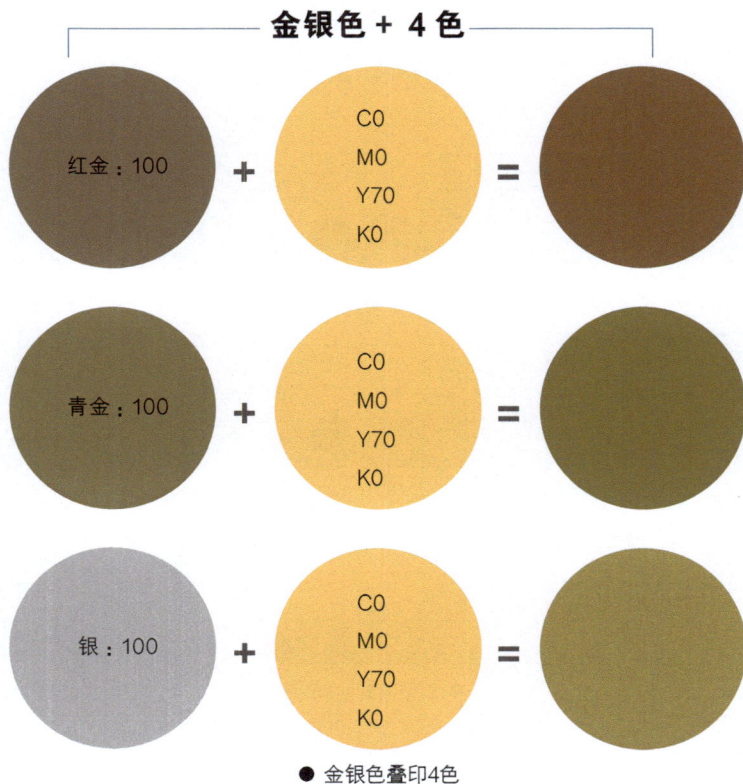

红金：100　＋　C0 M0 Y70 K0　＝

青金：100　＋　C0 M0 Y70 K0　＝

银：100　＋　C0 M0 Y70 K0　＝

● 金银色叠印4色

很多设计师喜欢把图片变成单黑，叠加在金银色上。单黑只有一个 K 版，上机过程中很容易调整油墨，效果如下。

金银色＋单黑图

红金：100　　＋　　　　　　　　＝

青金：100　　＋　　　　　　　　＝

银：100　　＋　　　　　　　　＝

● 金银色叠印单黑图

金银色＋ 4 色图

红金：100　　＋　　　　　　　　＝

青金：100　　＋　　　　　　　　＝

银：100　　＋　　　　　　　　＝

● 金银色叠印4色图

2. 先印 4 色，以 4 色为衬底，在上面印金银色的效果

+ Design = Design

红金：100

+ Design = Design

银：100

● 4色叠印金银图1

你有没有发现金银色把它下面的 4 色完全覆盖了？这是因为金银色是实的、不透明的，而 4 色油墨是透明的，4 色印在金银上可以看到，而金银印在 4 色上，4 色就被覆盖了。

除非挂网印刷，**即金银挂网 50% 左右**，这样即能印上金银色，4 色又不会被完全覆盖。

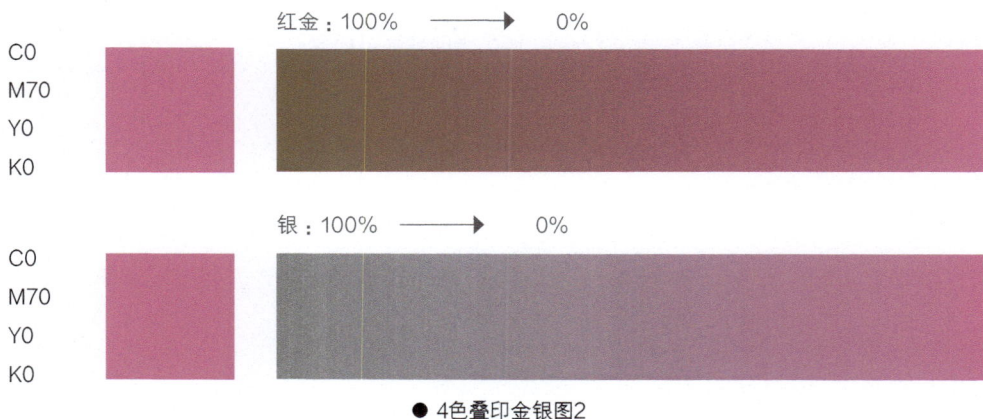

红金：100% → 0%

C0
M70
Y0
K0

银：100% → 0%

C0
M70
Y0
K0

● 4色叠印金银图2

3.PANTONE 金属色

如果你还在想是先印 4 色还是先印金银色，PANTONE 金属色卡能很好地帮你解决问题，也许只印一种金属专色就可以了。

金属专色是以银色油墨为基本色，并在此基础上开发出各种油墨混合配方，即将各种色彩油墨混入银色油墨中，形成各种不同色感的金属专色。混合油墨颜色越浅，保留的银色金属色泽越强，反之，混合油墨颜色越深，保留的银色金属色泽越弱。

● PANTONE金属色卡

4.5　印前检查

4.5.1　文件设置检查

1. 确认文件尺寸正确

　　文件的尺寸是否合理，有没有在适当的开数范围内？我们说过在开数范围内的尺寸更节省成本，每个印刷厂的光边大小和咬口位大小可能不一样，事先了解清楚，确定相关数据，后期就不用改动了。

　　有没有预留 3mm 出血位？如 16 开的尺寸为 285mm×210mm，那么加上出血位后实际文件尺寸就要达到 291mm×216mm。

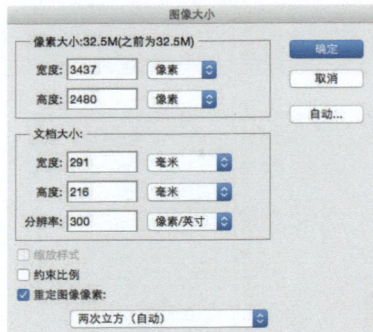

● 图像大小界面

2. 图片如果是 RGB 色彩模式就赶紧改为 CMYK 色彩模式

　　也许有人说，我的图片是 RGB 色彩模式也能印刷。没错，制版时会将文件转换成 CMYK 色彩模式。然而 RGB 色彩模式的色域大于 CMYK 色彩模式，文件转为 CMYK 色彩模式后颜色会暗沉一些，印出来的成品可能有色差。

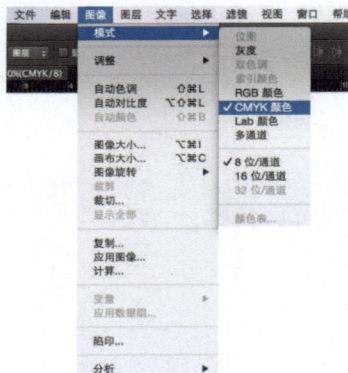

● 模式选项

3. 分辨率不足 300 像素 / 英寸的赶紧换图

　　印刷需要 300 像素 / 英寸的高分辨率才行，分辨率太低会影响图像细节的表达，印刷出来的成品会出现不同程度的模糊。

4.5.2　色彩检查

1. 4 色校对

　　作为设计师应该有一本 4 色标准色标书，当你设计好作品后，把握不准颜色是否合意时，可以用色标的颜色对照文件的颜色设置，以色标为准，及时调整文件。

● 4色色标

2. 单黑印刷

在印刷文件中，单黑文字运用得比较广泛，这些字的色值必须是 C0、M0、Y0、K100，通常称为单黑。如果 C、M、Y 色值不是 0，印刷后会出现偏色或套印不准等情况。

3. 打样

校对颜色不要看显示器的颜色——多少都有点偏差，如果你有机会上印刷机打样，那就太好了，印出来的效果就是你看到的实际效果。上印刷机打样不是每家印刷厂都愿意的，长期与印刷厂合作的大客户才可能有这种机会。为什么呢？因为时间就是金钱，给你打样的时间可能他们可以完成很多客户的订单，加上机器的耗损，就算收开机费（从几百元到几千元不等），他们也不太愿意。所以这种方法效果好，但可行性不高。

推荐运用数码打印来校对颜色，专业数码打印的成品可达印刷效果的 80% 以上，虽然不能完全一致，但是大致接近的效果足以让你心中有数。数码打印机很多图文打印店都有，由于打印质量参差不齐，最好去专业的图文打印店。

值得一提的是，不要用办公打印机来校对颜色，否则偏色会很严重，特别是蓝紫色调，与实际印刷效果偏差很大。

● 数码打印机

4.5.3 设计师需要与印刷厂对接的内容

收到文件后，印刷厂在与你核实一些内容后才会开始制版印刷，相关内容如下：

成品尺寸、几种套色、单面还是双面、页数、纸张类型、印刷工艺。

4.5.4 上机跟色的取舍原则

也许是你预测有误，也许是印刷设备、技术有限，总之印刷出来的效果很难百分之百达到你预想的效果，解决的办法就是学会取舍：把你认为最重要的区域印好，其他区域有一些偏差也没有关系。例如，要印刷一个紫蓝色的包装盒，印刷出来的颜色偏蓝，这个时候可适当降低 C 版数值，增加 M 版数值。但是问题也随之来了，底色是调好了，其他细节处的图文却偏红了，那就让它偏好了，这就是取舍。

第 5 章

商务印刷品的印前工艺

商务印刷品主要是指企业的广告印刷品，如海报、宣传单张、折页、画册、杂志广告等，
是展示宣传的有效形式，每种印刷品都有各自不同的印前工艺要求。

5.1　海报和宣传单张印前工艺

5.1.1　海报

1. 什么是海报

　　海报又称张贴画，是贴在墙面或挂起的大幅画，目的是引人注意，起到宣传的作用。海报以图为主，文字简洁明了。

● 海报墙

2. 常用设计软件

　　Photoshop、InDesign、Illustrator 和 CorelDraw。

3. 常用尺寸

　　对开、4 开和 8 开。

4. 常用纸张

　　铜版纸和胶版纸。

5.1.2　宣传单张

1. 什么是宣传单张

　　宣传单张是以宣传推销为目的的单面或双面印刷品，一般以介绍商品功能或活动详情为主，文字内容相对较多。宣传单张携带方便，主要靠人工派发或邮寄。

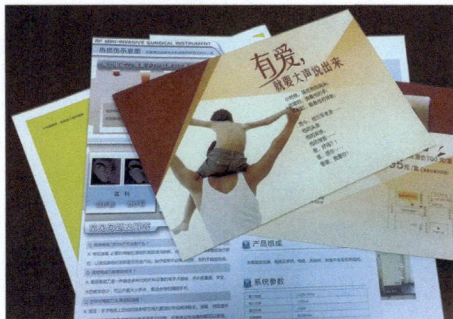

● 宣传单张

2. 常用设计软件

　　Photoshop、InDesign、Illustrator 和 CorelDraw。

3. 常用尺寸

　　8 开、16 开和 32 开。

4. 常用纸张

　　铜版纸、胶版纸和各种特种纸。

5.1.3　实例：地产海报

学习了相关印刷基础知识后我们来做一个练习，之所以选用地产海报案例，是因为地产企业众多，这类海报比较常见。地产海报设计里，楼盘的效果图甚为重要，所以我会先在 Photoshop 里处理楼盘效果，然后将文件导入 Illustrator 进行排版。

软件：Photoshop+Illustrator
尺寸：420mm×285mm

● 地产海报图

① 设计地产广告离不开 Photoshop，楼盘的各种效果图几乎都是用 Photoshop 制作出来的。我们先在 Photoshop 中打开楼盘效果图，然后检查图片分辨率，用于印刷的图片分辨率一定要高于 300 像素 / 英寸。

当图片的分辨率只有 72 像素 / 英寸时，就要调成 300 像素 / 英寸，可在"图像"的"图像大小"界面里进行调整。不要强行直接将分辨率修改为 300 像素 / 英寸，因为这样会让图片变模糊，要勾选"缩放样式"和"约束比列"，这样分辨率调大后，图片尺寸也会自动按比例缩小，文件质量不会改变。

● 调整图像大小

② 修改色彩模式。在"图像"的"模式"里将 RGB 调整为 CMYK，印刷只认 CMYK 模式。

修改模式后可能会发现图片颜色变暗沉了，那就调整一下颜色。"图像"里有个"调整"，你会发现"调整"里有很多选项，用哪个呢？其实没有绝对的标准，看个人喜好。有些人习惯用"色阶"调整高中低色调，有些人喜欢用"曲线"分色调整，还有些人喜欢用"色彩平衡"改变色相。你不妨都试试，总会有一个功能能调出你想要的效果。

比如现在这张图，楼盘部分，我们将"曲线"的"黄色"调多一些，使整个楼盘有金灿灿的感觉；天空和水的部分，我们用"色相 / 饱和度"让颜色更饱和、更鲜亮。

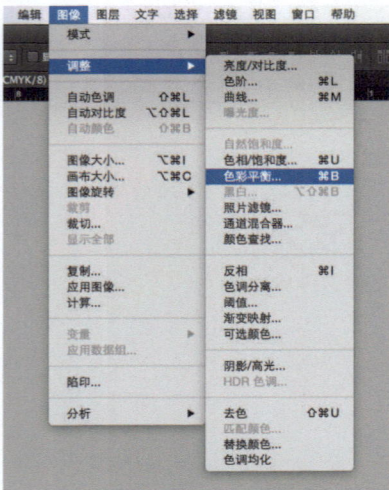

● 图像调整菜单

③ 图片处理好后，用 Illustrator 来排版。先在 Illustrator 中新建文档，由于海报是张贴用的，只印刷一面，所以画板数量为 1；尺寸自定设置为 420mm×285mm，单位默认毫米，你也可以改为厘米；出血为 3mm；色彩模式为 CMYK。

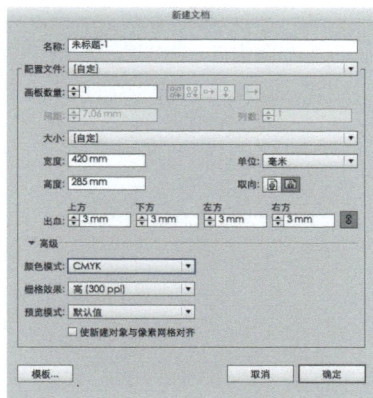

● 新建文档界面

④ 导入之前调整好的楼盘图片，然后选择"嵌入"图片。嵌入图片的好处是发送文件时，只需要发送这个 AI 格式的文件就行，不过嵌入图片后文件会大很多；如果不嵌入，那么发文件时就要连同链接图片一起发送，不然打开 AI 文件会丢失链接图片。

嵌入图片的面板选项：如果选择"将图层转换为对象"，意思就是可以保留分层，确保在 Illustrator 里也可以编辑各个图层；如果选择"将图层拼合为单个图像"，意思就是将分层的图片合成，可以防止分层丢失或被改动。

● 嵌入图片界面

⑤ 可能你会发现图片比现在的页面还要大很多，没关系，缩小到你想要的范围内。如果还是超出页面很多，可以画一个大小合适的方形，将图片放在它的下一层，单击鼠标右键，在下拉菜单中选择"建立剪切蒙版"，图片就被剪切入方形了。如果想取消，同样单击鼠标右键，选择"释放剪切蒙版"即可，操作很简单。

● 建立剪切蒙版选项

073

6　用"钢笔工具"画出3个色块，填充为仿金色，我们称为假金色。假金色就是用4色模仿专金色，色值不固定。我现在用的这种颜色色值为C15%、M45%、Y70%、K30%，仅供参考。

● 绘制色块

7　放入Logo、标题、内文、平面图等元素。大标题字号要大过内文很多，才会主次分明，配上英文更显时尚。

● 海报图

8　海报基本上做好了，就差最后一个环节：转曲线。转曲线的好处在于不用担心对方有没有和你一样的字体，如果不转曲线，对方又没有一样的字体，计算机会自动替换为其他字体，甚至会出现乱码。

转曲线操作很简单，全选所有的字体，单击"文字"中的"创建轮廓"就可以了，创建轮廓就是转曲线的意思。

如果你还不放心，怕有遗漏的字体，可以选择"查找字体"选项。如果查找结果显示为空白，就证明全部都转曲线了。

● 查找字体界面

5.2　名片印前工艺

5.2.1　名片

1. 什么是名片

　　名片是指印有个人职业信息的卡片。名片上最主要的内容包括姓名、职业、工作单位、联络方式等，除个人信息外，很多名片还会标注企业资料，如企业标志、经营范围等。名片上的文字不宜太多，应尽量简洁明了，在设计上要讲究个性及艺术性。

● 名片

2. 常用设计软件

　　Illustrator 和 CorelDraw。

3. 常用尺寸

　　90mm×54mm 、90mm×50mm 和 90mm×45mm。

4. 常用纸张

　　铜版纸、白卡纸、各种特种纸和透明 PVC。

5.2.2　实例：咖啡馆名片

　　名片是个人的信息卡片，追求独特个性的展现。这款咖啡馆名片的设计，从正面到背面只用了暗橙色。设计名片通常用 CorelDraw，下面我们就用这个软件来完成这款名片的设计。

软件：Illustrator

尺寸：90mm×54mm

● 名片正面和背面

①　新建文件，文件尺寸可随意设置，在页面里画一个框，尺寸为 90mm×54mm，在向外 3mm 处画裁切线和出血角线。因为名片分正面和背面，所以复制一个框。

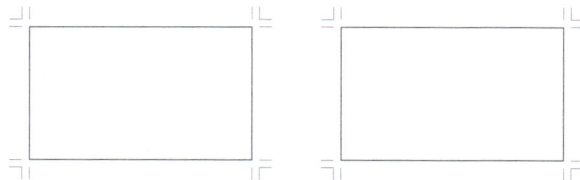

● 名片出血位

② 设计构思无须舍近求远，可从标志处提取元素，包括图形和色调。这个标志是暗橙色，色值为 C0、M70、Y100、K30，4 色印刷是没什么问题的，如果将这种颜色转换成专色来印刷，这样校色、调色会更方便。因此我们将这种颜色转换成专色，在页面左上角的色板里，选择"添加到自定义专色"即可。

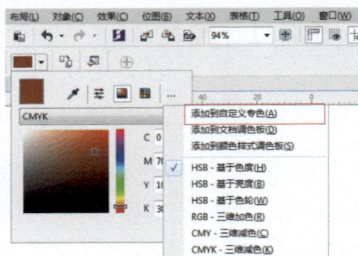

● 自定义专色界面

③ 名片正面一般放置姓名、标志、电话、地址等基本信息，其中姓名最为重要，字号要大过其他文字。排版时尽量相互对齐，使版面整齐紧凑。

● 名片正面

④ 名片背面一般展示形象图、公司简介、经营范围等。咖啡馆名片的背面无须放置太多文字，只用进行形象展示。以标志中的咖啡豆元素来做底图，强调咖啡元素，同时将标志放大并放在正中间。

● 名片背面

⑤ 检查文字并确定文字没有任何问题后就可以转曲线了，单击鼠标右键，在弹出的菜单中选择"转换为曲线"即可。

● 转曲线界面

5.3 折页印前工艺

5.3.1 折页

1. 什么是折页

和宣传单张一样，折页也是以宣传推销为目的印刷品，一般以介绍商品功能或活动详情为主，文字内容相对较多，携带方便，主要靠人工派发或邮寄。折页不需要装订，只需要折叠就能形成很多页。

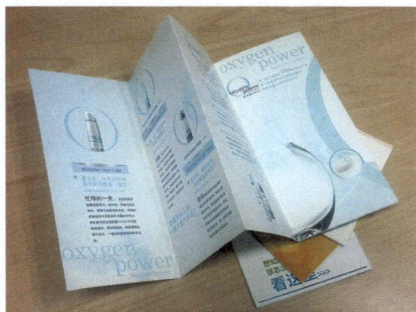

2. 常用设计软件

Photoshop、InDesign、Illustrator 和 CorelDraw。

3. 常用尺寸

● 折页

展开后：8 开、16 开和 32 开。

4. 常用纸张

铜版纸、胶版纸、牛皮纸和各种特种纸。

5.3.2 常用折页的折法

折页又分双折页、三折页和四折页等，不同的折法会产生不同的尺寸，如一张 16 开的纸，如果用来制作双折页，折后的尺寸是 142.5mm×210mm 或 105mm×285mm；如果用来制作三折页，折后的尺寸是 95mm×210mm。

不管你想做多少折的折页，只要展开纸张在开数范围内就是合理的。

1. 对折

2. 对对折

3. 平行折

8 封底	6	7	1 封面

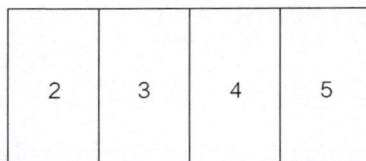

2	3	4	5

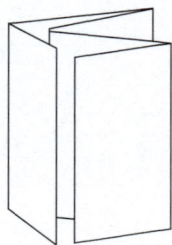

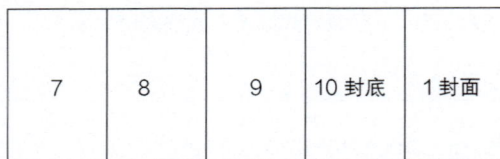

7	8	9	10 封底	1 封面

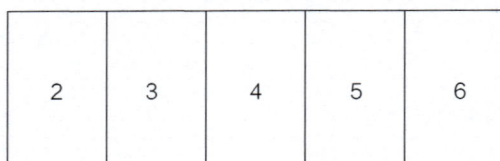

2	3	4	5	6

4. 包芯折

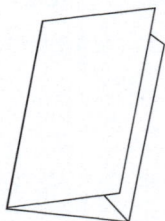

5	6 封底	1 封面

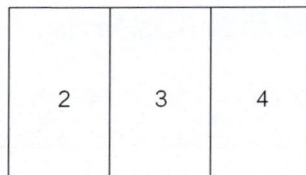

2	3	4

6 封底	1 封面	2

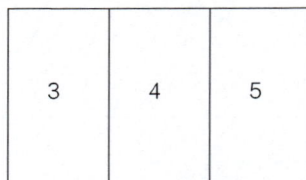

3	4	5

5. 垂直交叉折

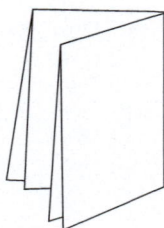

3	2
8 封底	1 封面

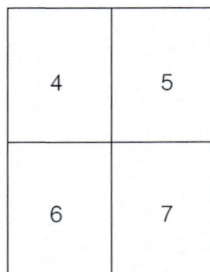

4	5
6	7

5.4　画册、图书印前工艺

5.4.1　画册

1. 什么是画册

　　画册就是将个人或企业的理念，配以图文组合而成的一本具有宣传作用的册子。画册因配有图片，多用彩印。

2. 常用设计软件

　　Photoshop、InDesign、Illustrator 和 CorelDraw。

3. 常用尺寸

　　长方形：16 开 和 32 开。

　　正方形：210mm×210mm 和 250mm×250mm。

● 画册

4. 常用纸张

　　铜版纸和胶版纸。

5.4.2　图书

1. 图书的作用

　　图书的主要作用是文化传承和信息传播，因此文字会比较多。

　　大部分图书以文字为主，因而图书内页多为黑白文字印刷。

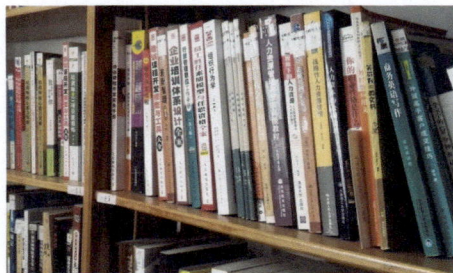

● 图书

2. 常用设计软件

　　Photoshop、InDesign、Illustrator 和 CorelDraw。

3. 常用尺寸

正度 16 开 –188mm×260mm	18 开 –168mm×252mm	20 开 –184mm×209mm
24 开 –168mm×183mm	32 开 –130mm×184mm	长 32 开 – 113mm×184mm
36 开 –126mm×172mm	64 开 – 92mm×126mm	
大度 16 开 – 210mm×285mm	32 开 –140mm×203mm	

4. 常用纸张

图书用纸分内文用纸和封面用纸，内文一般用较轻薄的纸张，封面则比较讲究，一般用比较厚实的纸张、织物、皮革等。

● 内文用纸

铜版纸：用于多彩图的图书。

胶版纸：可印彩图也可印文字。

书写纸： 一般只印文字。

● 封面用纸

铜版纸：200g 或以上，覆光膜或亚膜。

白卡纸： 200g 或以上，覆光膜或亚膜。

特种纸： 经过浸泡或压纹等特殊工艺加工的纸，一般做烫印，不覆膜。

牛皮纸： 300g 或以上，不覆膜。

5.4.3　图书结构

图书结构分为外部形态结构和内部形态结构。

外部形态结构指图书的外观，又分平装和精装。平装又称简装，采用普通的纸质印刷，不做特殊加工，价格相对便宜，耐用性不强；精装的封面一般采用硬纸板，外覆厚纸、织物、皮革等，表面装帧及工艺讲究，适合收藏。

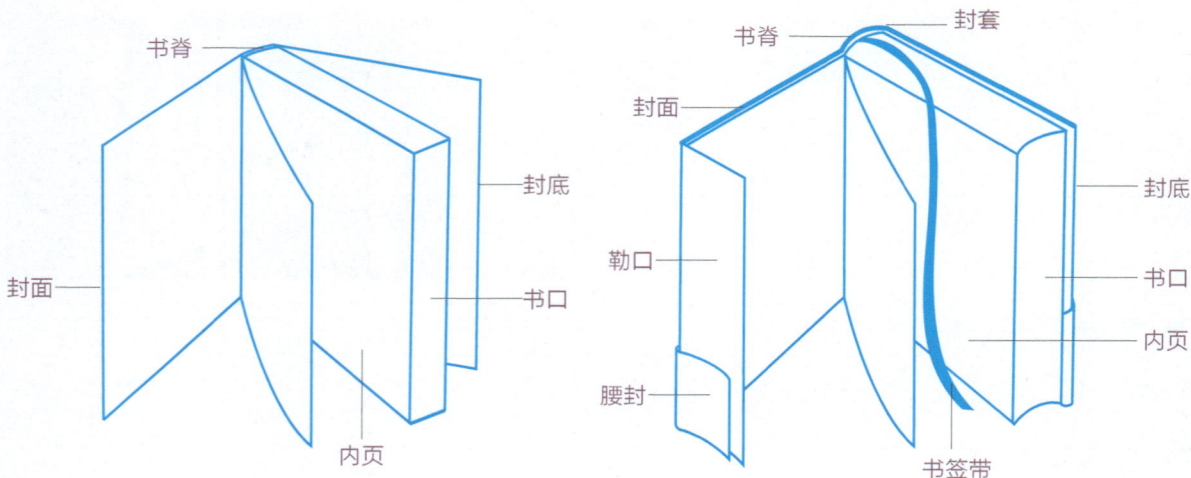

● 平装图书外部结构　　　　● 精装图书外部结构

内部形态结构是指图书内容，包括目录、标题、正文、页码等。

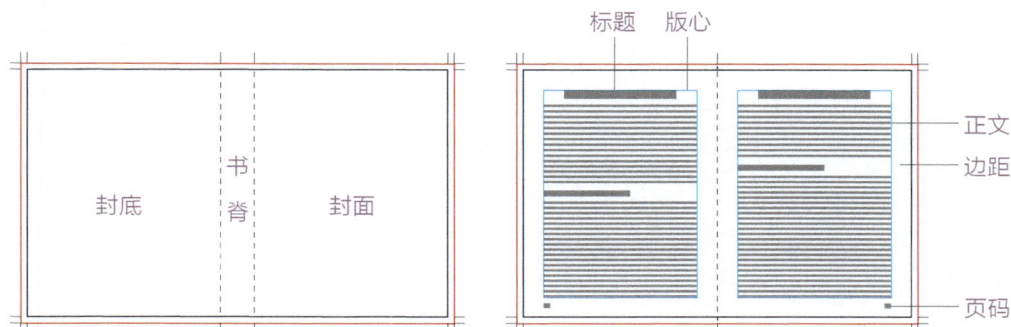

● 图书内容

5.4.4 图书的组成顺序

一本完整的图书的组成顺序为：封面、扉页、前言（序言）、目录、正文、后记、附录、封底。

封面：图书的外层，应有书名、作者名、译者姓名、出版社名称等信息。

扉页：印有书名、出版社名、作者名等。

前言（序言）：刊于正文前，主要说明图书的基本内容、创作意图、成书过程、学术价值等，可由作者创作，也可由他人撰写。

目录：正文标题的页码标注，方便读者查找，可细分为 2 ～ 3 级。

正文：风格一致，术语符号统一。

后记：对文章或遗漏问题的补充。

附录：文章的参考资料。

封底：图书的最后一页，它与封面相连，应有 ISBN、定价和条形码。

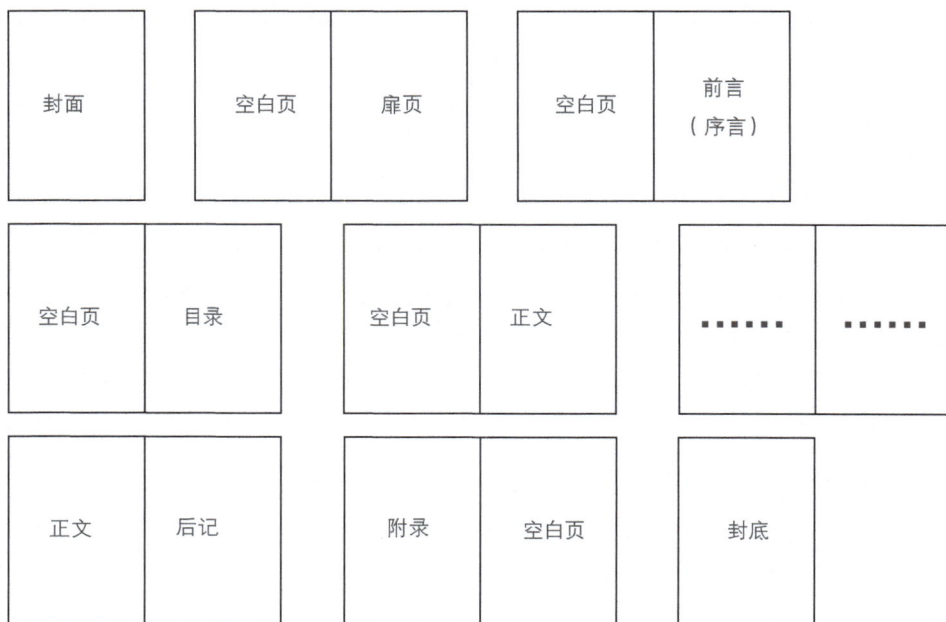

● 图书的组成顺序

5.4.5 图书装订

装订就是将印好的书页封成册的过程，包括订和装两大工序。

订：订就是将书页订成本，是对书芯的加工，常用的加工方法有骑马订装、无线胶装和锁线胶装3种。

装：装是对图书封面的加工，就是装帧。

1. 骑马订装

骑马订装简单快速，是一种常见的装订方式。它是将对折的页面合在一起，从中间对折线处用订书针订合，因其动作像跨马而得名。订书钉厚度有限，不能装订很厚的书，所以骑马订装只适用于页数不多的画册。我们把画册的每张纸摊开，正背面一共4页。所以，使用骑马订装的文件页数一定要是4的倍数，比如24页、36页的画册（含封面封底）。

● 骑马订装

2. 无线胶装

无线胶装就是在书脊背面刷上胶水，再把封面、封底黏合的装订方式。

● 无线胶装

3. 锁线胶装

锁线胶装指将印刷成品各页面用线穿在一起，然后在书脊处刷上胶水并和封面、封底黏合在一起的装订方式。用无线胶装还是锁线胶装，取决于纸张和页数：如果是铜版纸而且页数很多，用无线胶装容易出现脱落散架的现象，所以适合用锁线胶装；如果是比较轻薄的纸且页数不多，可用无线胶装。

● 锁线胶装

总之，页数少、纸张薄的书用无线胶装或骑马订装，页数多、纸张厚的书用锁线胶装。

5.4.6 实例：女子会所画册

注重形象的公司大多有自己的画册，画册以图文结合的形式排版，让人轻松阅读，印象深刻。这本女子会所画册共 24 面，以体现女性特征的玫红色调为主。

软件：Illustrator
尺寸：210mm×285mm

●画册

① 把整本画册要用的配图检查一遍，文件模式为 CMYK，图像分辨率为 300 像素 / 英寸。

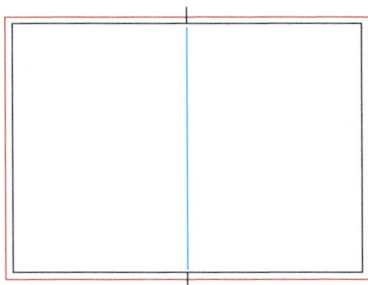

② 打开 Illustrator，新建文件。两个页面连页的尺寸为 420mm×285mm，页数为 12 页，总共 12×2=24 面，为 4 的倍数，符合骑马订装的要求。出血为 3mm。

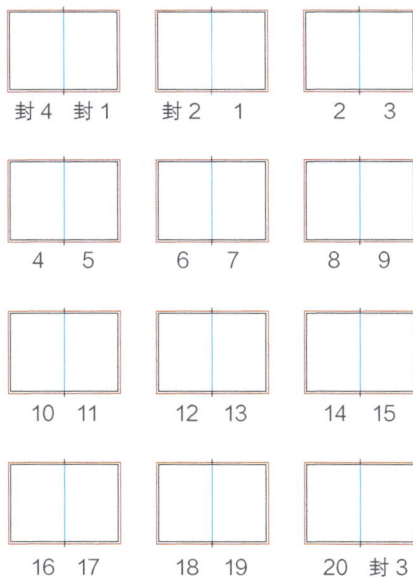

封 4　封 1　　封 2　　1　　2　　3

4　5　　6　　7　　8　　9

10　11　　12　　13　　14　　15

③ 光有出血线是不够的，折叠的位置也应有角线标注，得自己手绘加上。画两条 0.2pt 左右的黑线放在页面外上下，与页面正中间对齐，这两条角线就作为折叠线。

排版的内容不要超过折叠线，如果你没把握，可以加一条辅助线。我们在画板外标注一下顺序就更加一目了然了。

16　17　　18　　19　　20　　封 3

● 画册折页

④ 设计封面和封底。女子会所是专门服务女性的机构，定位人群为成熟女性，因此其画册的设计风格不宜太花哨，应为简约柔美风。先铺玫红色的底色，大面积的玫红色可能会显得单调，可以让颜色径向渐变，从而更有层次感。

● 画册底色

⑤ 制作封面上那些光圈和闪光效果其实很简单，首先画一个圆圈，填充白色，然后添加蒙版和渐变即可。

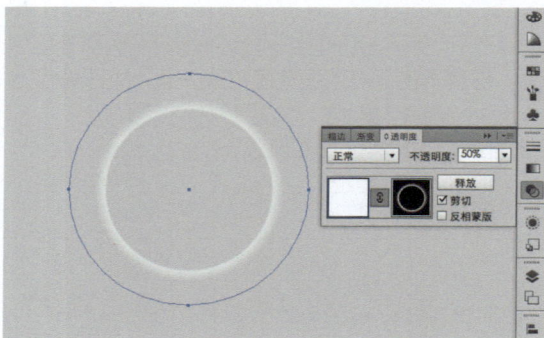

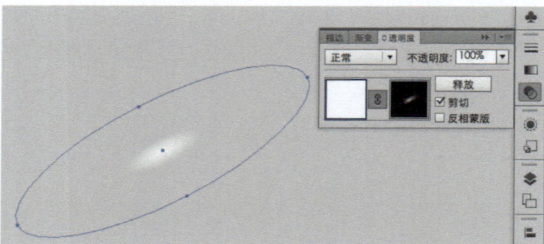

● 添加蒙版和渐变

⑥ 那些密集的"小星星"就更容易绘制了，只需要画很多极小、大小不一的圆圈，填充白色，恰当摆放，然后调整透明度至 10%~100%。

● 绘制圆点

7 添加会所元素，包括 Logo、广告语、图形等。封面最为重要，主题要明确。封底则可少一些内容，元素和色彩尽量和封面一致，以形成统一的视觉效果。

● 画册封面和封底

8 内页以文字为主，并配以图片。文字少时，图片可放大；图片多时，可放大其中一张，缩小其他，做到主次分明。画册比较灵活，每个页面的排版可以不一样，但是基本字号、页眉页码、色彩要统一，这样才能既有变化，又相互呼应。

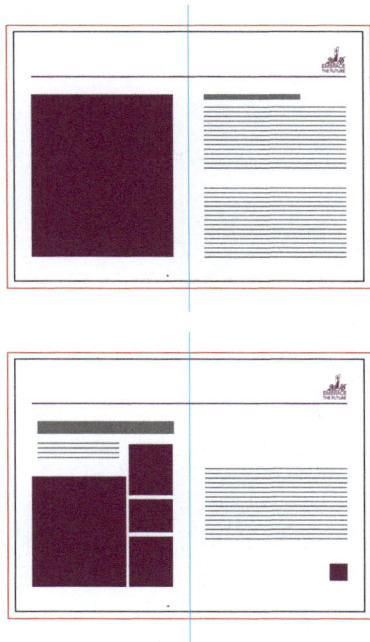

●画册内页

9 画册的文字较多，校对尤为重要，要认真审读文字内容。
校对完后就可以将所有文字都转曲线保存了。操作方法很简单，全选文字，单击"文字"中的"创建轮廓"即可。

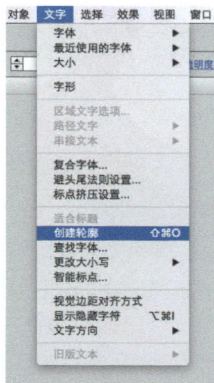

● 转曲线保存

5.5　包装盒印前工艺

5.5.1　包装

1. 什么是包装

　　包装是指为在流通过程中保护产品，方便储运而采用的外包方法，或为促进销售而对产品进行的外观装饰。

2. 常用设计软件

　　Photoshop、InDesign、Illustrator 和 CorelDraw。

3. 常用尺寸

　　无固定尺寸。

4. 常用纸张

　　白卡纸、白板纸、牛皮纸、金卡纸和各种特种纸。

● 包装盒

5.5.2　包装设计流程

　　很多新手接单后马上开始设计外盒，再根据外盒尺寸去设计摆放图。这样的流程不太科学，很多时候会延误时间，正确的流程为内包材（容器 / 袋包）—内托—外盒—手提袋—纸箱，即按从内到外的顺序设计。

1. 内是什么

　　内就是指最贴近产品、直接保护产品的包装，如纸张、袋子、瓶子、罐子等，简单地说就是装产品的材料。

2. 外是什么

　　外是指外包装盒，起到再次保护和美化产品的作用。

● 采用各种包装材料的产品

　　内包材的种类很多，有纸、塑料、铝箔、铁皮、玻璃等，大部分材料都要开模具才能做出来。在等开模具做容器的这段时间，你可以设计内托、外盒等，从而保证不浪费时间。

　　有个办法可以不用开模具，那就是用厂家现有的模板，也就是直接购买厂家现有的瓶瓶罐罐，这样你就拥有了准确的尺寸，可以进行下一步的设计了。总之，都是先有内包材，才知道准确的尺寸，才能推算出外盒尺寸是多少。

5.5.3　内托

1. 定义

内托是指用于包装盒内，固定盒内产品的托。内托凹进去的部分用来放置产品，凹进去的部分多为产品的形状，这样能保证其缓冲、承重能力强。

2. 材料

内托的材料很多，有瓦楞纸、卡纸、纸浆、吸塑、泡沫、海绵、泡棉等。瓦楞纸和卡纸需要折成型，纸浆、吸塑、泡沫、海绵、泡棉需要开模具做成型，其中海绵和泡棉需要刀模切。

● 瓦楞纸和卡纸

如果是用瓦楞纸和卡纸做内托，就需要懂一些物理缓冲原理，使折起来的内托能防止运输和拿放过程中的损坏。凹位与边缘的距离不宜太短，太短容易断裂，建议不要短于 15mm。

● 瓦楞纸内托

● 纸浆、吸塑、泡沫、海绵、泡棉

纸浆内托多用于食品和电器等。

吸塑用途广泛，几乎各行各业都有使用。吸塑原本是透明的，可任意调为各种颜色，表面还可以植绒，植绒吸塑多用于高档产品。

泡沫的应用也很广泛，不足的地方是看起来不高档，使用时常在面上铺一层绸布。

海绵有很好的耐磨性和拉伸性，各种形状均可加工。

泡棉是一种高密度材料，抗震性强，弹性大，形变后恢复率高。

用这几种材料做内托一定要开模具，开模具需要一定的时间（从一个星期到两三个月不等），工序为开模具—试模具—调机器。

开模具用的图纸很简单，只需要把长、宽、高及中间开槽的具体尺寸标注清楚，模具厂就能照着图纸做出来。

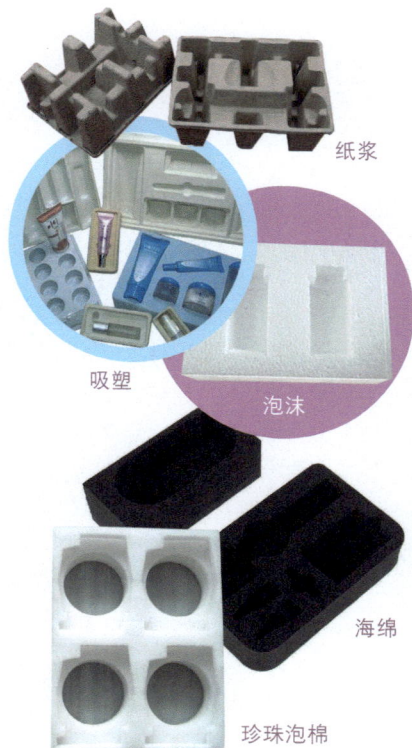

纸浆

吸塑

泡沫

海绵

珍珠泡棉

● 各种材料的内托

5.5.4　实例：瓦楞纸内托

这是一款简单的瓦楞纸内托的效果图，内托中间放一个塑料瓶子。之所以用瓦楞纸来做实例，是因为它需要一些计算方法来做成盒型，盒型还要具有缓冲作用，比较具有代表性。

尺寸：90mm×140mm×30mm
软件：Illustrator

● 瓦楞纸内托效果图

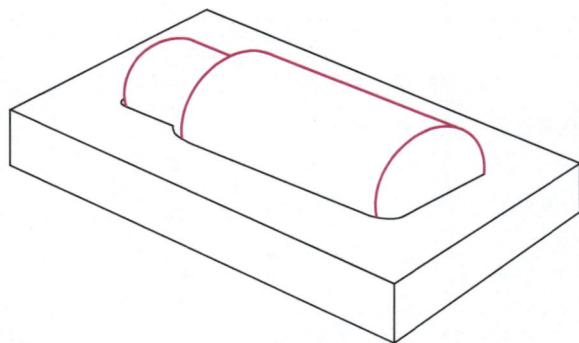

① 测量瓶子的尺寸，包括高度、宽度、直径等，尺寸越具体越好，可精确到毫米。

48mm
15mm
110mm
90mm
60mm

● 瓶子测量图

② 量好瓶子的尺寸后就能设计出纸托的正面，在瓶子尺寸的基础上，预计凹位与边缘的距离为 15mm，再短则容易断裂损坏。

中间放瓶子的地方是最难设计的，形状应尽量接近瓶子外形，这样才能很好地扣住瓶子。当然设计方法有很多种，这只是其中一种，实线为裁切线，虚线为折线。

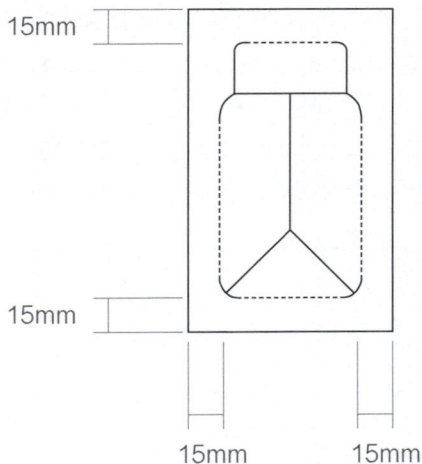

15mm
15mm
15mm
15mm

● 内托正面图

③ 正面做好后，其他的就更加容易设计了。我们把内托的
侧面和背面一起做成盒型，实线为裁切线，虚线为折线，
整体尺寸为 90mm×140mm×30mm。

实际成品的尺寸一定会有偏差，因为瓦楞纸有厚度，折
成盒型后会有几毫米的偏差，需要先做一个样盒，才能
知道偏差是多少，并对效果图进行调整。

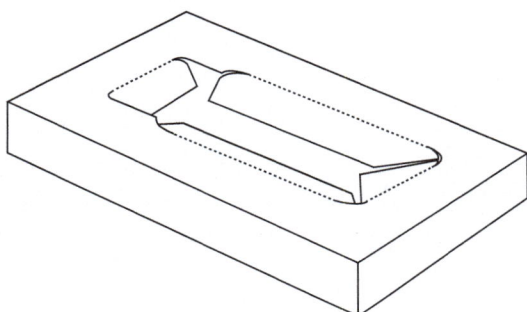

折盒效果

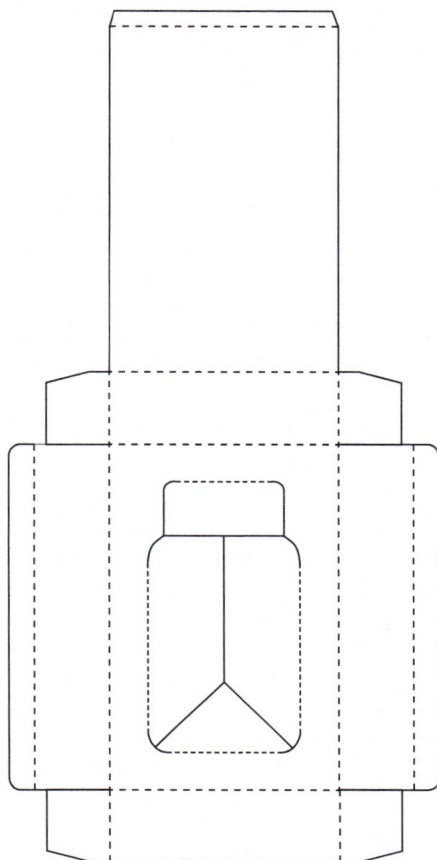

包装结构展示图

● 内托展示图

细心的你可能会发现这个内托的厚度刚好等于瓶子的半径。这
是为了刚好卡住瓶底，使瓶子不会在内托里面晃动。

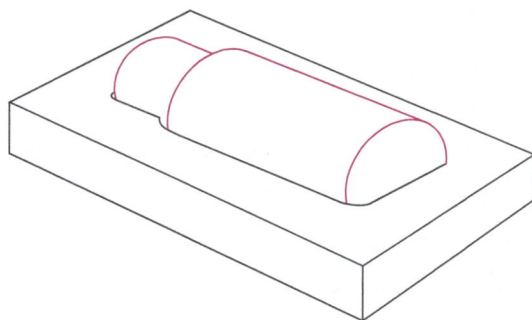

● 内托

5.5.5　内包材标签

1. 种类

内包材标签是指直接附在内包材上的印刷图文标签，有的直接印刷在内包材上，有的用不干胶印刷贴于内包材上，还有的用塑料薄膜印刷热收缩于内包材上，或者直接用塑料薄膜作为内包材。

常见的洗面奶、牙膏等塑料软管，图文一般直接印在软管上。

不干胶标签材料种类繁多，广泛应用于日化品、食品、五金电器等。

塑料薄膜标签多用于食品饮料、医药产品等。

2. 如何确定标签大小

高度：标签的高度要看容器的弧度，从开始垂直的地方测量，上下减掉 5mm 左右以防贴标时有误差。

宽度：标签的宽度只要在容器周长的范围内即可。测量周长的方法是用卷尺围容器一圈，如果是正圆形容器，可以按照周长公式 $C = 2\pi r$ 计算，比如直径为 60mm，那么周长约 188mm，标签的宽度小于 188mm 即可。

3. 贴标

用于贴标的主要是不干胶标签，它的背面有一层胶，撕开背纸就可以直接粘贴。也有的标签背面没有胶，需要在背面刷胶后方可粘贴到内包材上。

贴标机：贴标机的种类很多，有的能贴各种形状的标签，有的只能贴方形。就拿贴方形的贴标机来说，又因每台贴标机的性能不同，有些贴标机能贴很长的标签，有些只能贴短标签，确定标签尺寸时，要使其在贴标机能贴的范围内。

如果贴标机能贴较长的标签，你还要考虑贴标机的精准度，大部分贴标机贴出来的标签都不可能百分之百垂直或平行，总会有一些倾斜，很难做到没有一点儿偏差，就算用特别好的机器也是一样，只是偏差小，肉眼看不出来。偏差大一些的，标签头尾的接缝处能很明显地看出来。讲究质量的厂家一般把这些没贴好、偏差大的标签当作次品报废。

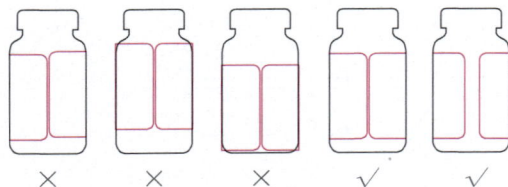

● 贴标图

如果不能接受一定的偏差，解决办法很简单，就是减小标签宽度。只要标签头尾不连在一起，即使有一点儿倾斜，也不明显，且距离越远越看不出来，更重要的是这样做之后，标签的报废率低，生产成本也就降低了。

5.5.6　条形码

1. 一维码

常见的条形码是一维码，是由长宽不等的多个黑条按照一定的编码规则排列，用以表达商品信息的图形标识符。扫描条形码后，可以获取商品的产地、制造厂家、商品名称、生产日期、图书分类号、邮件起止地点、类别、价格等许多信息。

在国内，商品类条形码一般以"6"开头，图书类以"9"开头。条形码建议放在商品的平滑面上，方便扫码识别；如果放置在不平滑位置导致条形码变形，扫码机有可能扫不出来。

ISBN 978-7-115-60565-8

● 一维码

2. 二维码

二维码通常为方形结构，由粗细不同的黑白点阵组成，是对物品进一步进行全面描述的标识，它的数据容量更大，是对一维码信息的补充。

● 二维码

3. 条形码的颜色搭配

条形码的符号条和空白处的颜色一般为黑白色搭配，如果用其他颜色搭配是有严格要求的，搭配错了，扫码机是扫不出来的。

条形码颜色搭配参考表

序号	空白	符号条	是否采用	序号	空白	符号条	是否采用
1	白色	黑色	√	17	红色	深棕色	√
2	白色	蓝色	√	18	黄色	黑色	√
3	白色	绿色	√	19	黄色	蓝色	√
4	白色	深棕色	√	20	黄色	绿色	√
5	白色	黄色	×	21	黄色	深棕色	×
6	白色	橙色	×	22	亮绿	红色	×
7	白色	红色	×	23	亮绿	黑色	×
8	白色	浅棕色	×	24	暗绿	黑色	×
9	白色	金色	×	25	暗绿	蓝色	×
10	橙色	黑色	√	26	蓝色	红色	×
11	橙色	蓝色	√	27	蓝色	黑色	×
12	橙色	绿色	√	28	金色	黑色	×
13	橙色	深棕色	√	29	金色	橙色	×
14	红色	黑色	√	30	金色	红色	×
15	红色	蓝色	√	31	深棕色	黑色	×
16	红色	绿色	√	32	浅棕色	红色	×

注："√"表示采用，"×"表示不能采用

5.5.7　包装盒

1. 包装盒结构

　　包装盒一般有 6 个面：正面、背面、两个侧面、顶面和底面。也有一些特殊盒型有 6 个以上的面，每个面放置的内容各不一样。

　　正面：主要放置产品名称、公司 Logo、净含量、实物图、人物形象等。

　　背面：主要放置说明文字。

　　侧面和顶面：可以放置一些广告语，还可以放置产品名称，尽量做到多个面都有产品信息，不要浪费。

　　底面：可以什么都不放置，因为产品是竖起来摆放的，底部一般不会展示出来，但是元素太多时，也可以考虑在底面放置一些。

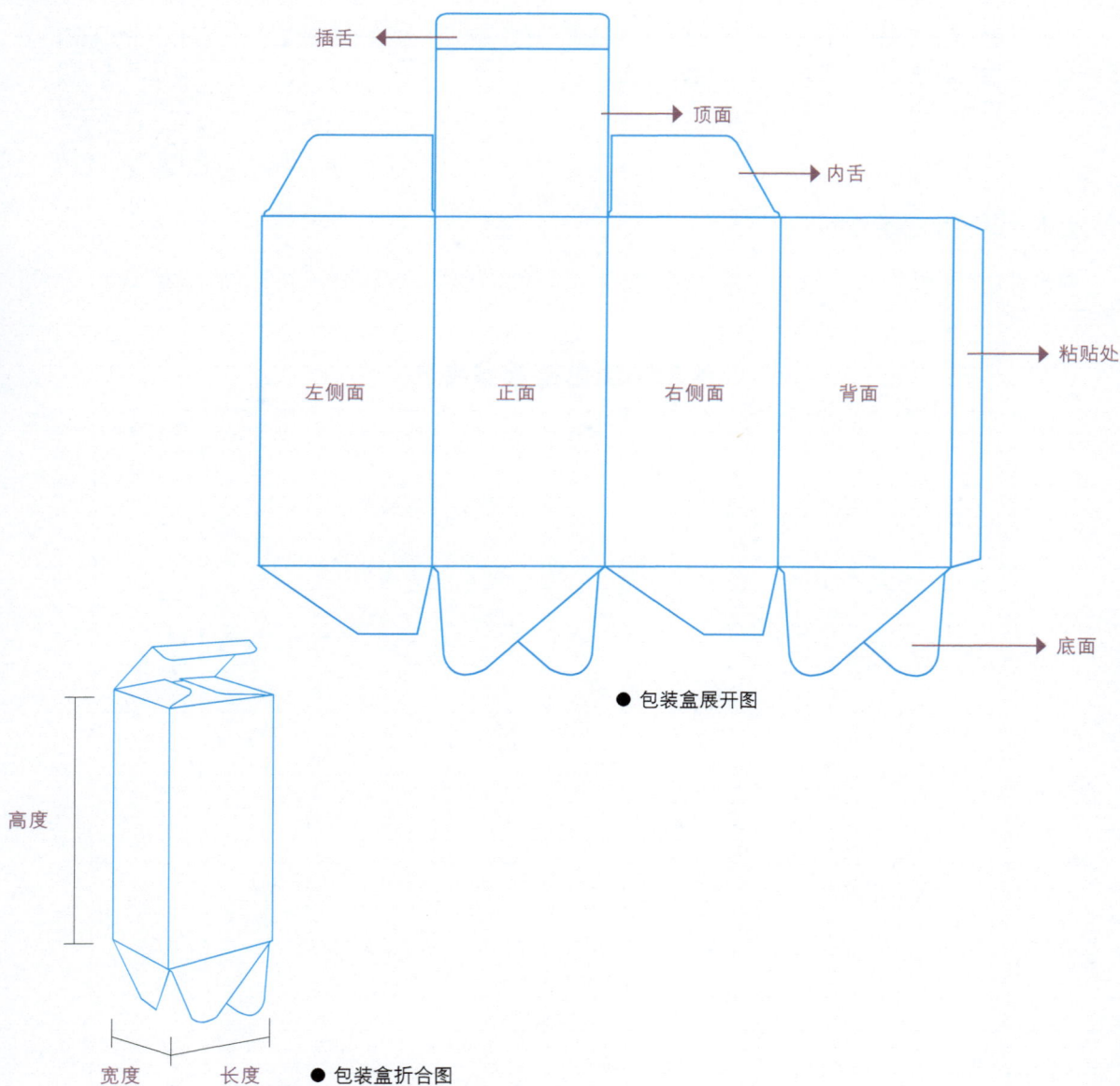

插舌　顶面　内舌

左侧面　正面　右侧面　背面

粘贴处

底面

● 包装盒展开图

高度

宽度　长度　● 包装盒折合图

2. 包装盒型

包装盒型千变万化，常用的盒型有以下几种。

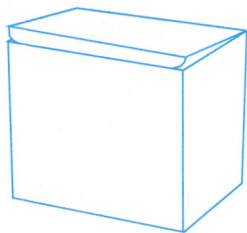

普通盒

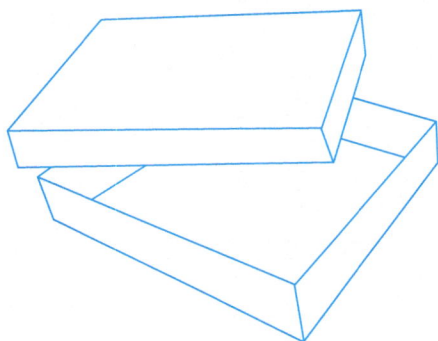

天地盖盒

吊挂盒

手提盒

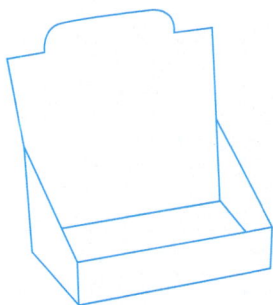

展示盒

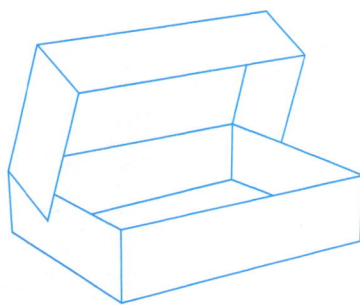

摇盖盒

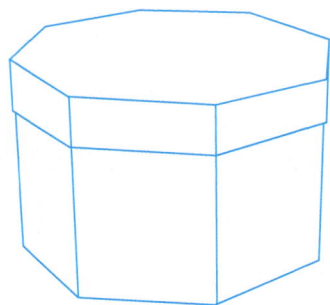

多边形盒

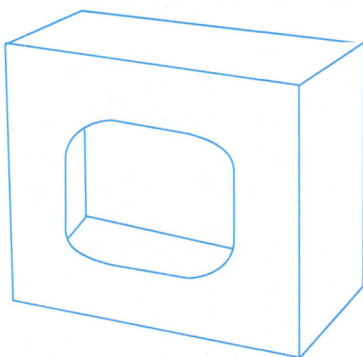

开窗盒

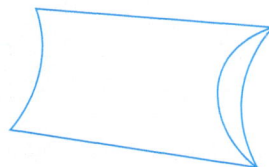

异形盒

● 常用的包装盒型

5.5.8　包装刀模

　　刀模也称刀版，是指按照最终成品的裁切线做的切模版。正常的印刷不需要刀模，只需要横竖裁切。如果是包装盒这种异形的裁切线，就需要制作成刀模来裁切。

　　设计师不需要学会制作精确的刀模，只需要在文件中精确标注出血线和裁切位，或者做出大概的刀模，以便印刷厂专门制作刀模的工程师参考。印刷厂的工程师能精确计算数据，做出最标准的刀模。

　　刀模一般都是用钢条制作的，在一块木板上用钢条镶嵌出你所需要的形状，钢条周边用海绵包裹以起到缓冲的作用。通常刀模为单独的版，也有和击凸版一起做在木板上的，同属一个版，这样比较省费用。击凸版一般用铜来制作，也有用铝来制作的。

钢条　　　　　　　　　　　　　　　　　　　　　　　　　　　　　　　　　击凸铜版

海绵

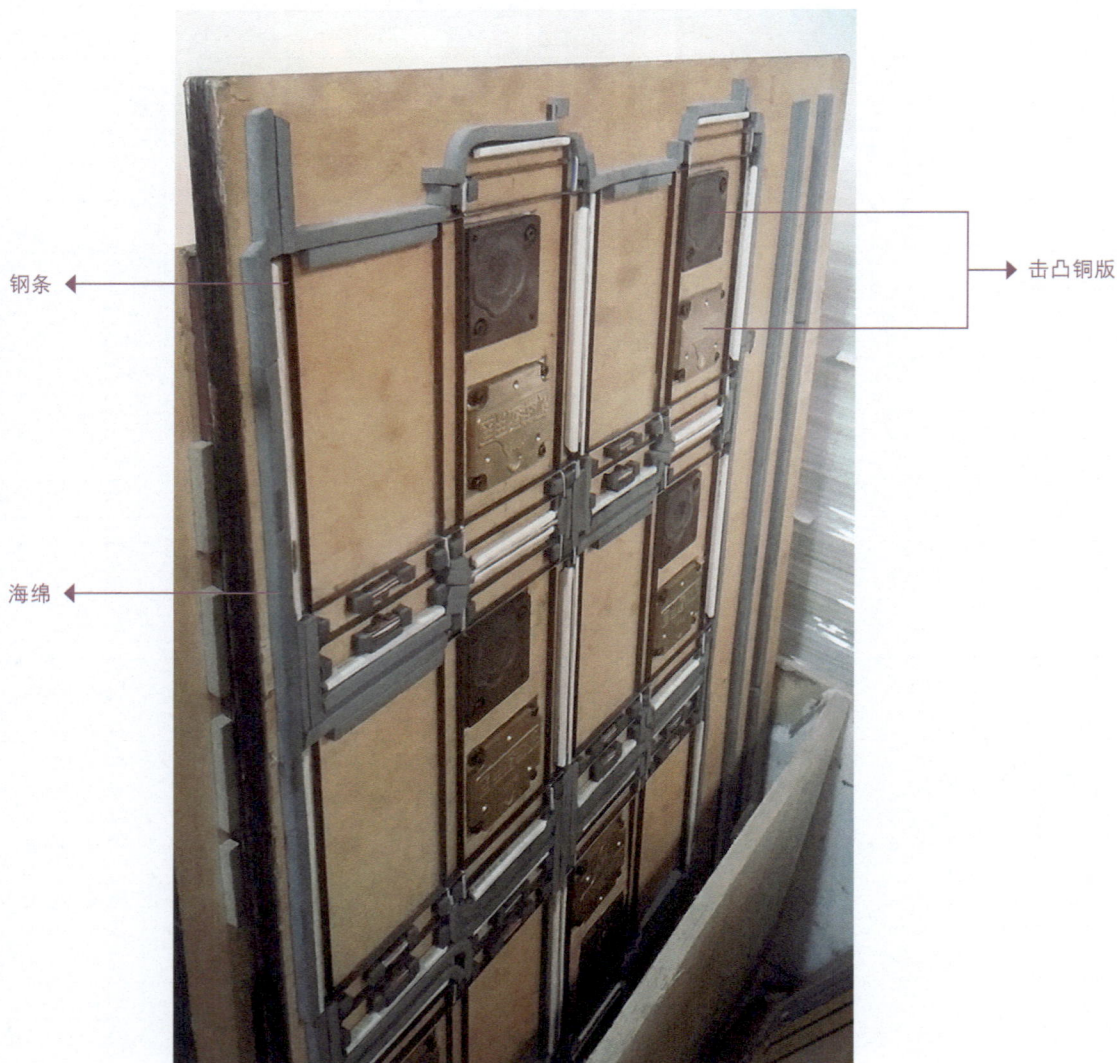

● 包装刀模

5.5.9　实例：产品包装盒

　　右图是我们要完成的维生素 E 软胶囊包装盒的效果图，包括标签和外盒的设计。

软件：Illustrator
标签尺寸：155mm×65mm
外盒尺寸：93mm×143mm×63mm

● 包装盒效果图

① 一般标签和外盒的设计元素是一致的，这样风格比较统一。只要你心里有数，先设计标签或外盒都行，一切看个人喜好。此处我们先来设计标签。

　　标签一般 4 个角为圆角，为的是方便贴标。画一个尺寸为 155mm×65mm 的矩形，圆角半径不用太大，3mm 即可。然后用直线工具画出血线，长度为 5mm，粗细为 0.2pt。出血线的颜色选择套版色。

● 标签出血位

② 维生素 E 成品的胶囊粒是透明金色的，所以我们就以金黄色系为主，这样比较和谐。由于这是主要面向女性的产品，加上胶囊是椭圆形的，字体的选择上，产品名称用粗圆简体，说明文字用细圆简体。产品名称不要太长，贴在瓶子上后要保证消费者能一眼看完。再添加一些偏女性化的图案，这个标签就设计好了。

● 标签设计稿

③ 设计外盒之前要先定好外盒尺寸。

外盒的纸张一般用 350g 左右的卡纸，厚度为 0.46mm，这一厚度的卡纸承受力比较强。正因为纸张有厚度，计算尺寸时，要加上纸的厚度。除了预留纸的厚度外，还要预留 2mm 左右的松动位，一点点的松动便于装取产品。

这款外包装盒的尺寸是在内包装瓶尺寸的基础上得出的，外包装盒尺寸为 93mm×143mm×63mm。这个尺寸的外盒刚好能装入产品，如果用的是特种纸，可能纸会更厚，那就还要再将外盒尺寸调大一些。

不要漏了正面开窗的尺寸，由于内托不必展示，所以开窗的尺寸要比瓶子小一点，宽度为 50mm，高度为 85mm。

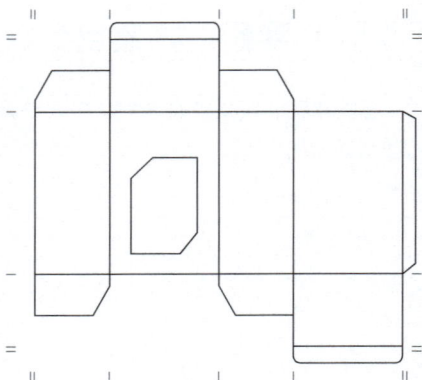

● 外盒出血位

④ 标签和外盒的设计元素尽量一致，这样才是完整的一套设计。

外盒有 6 个面，即正面、背面、两个侧面、顶面和底面，分别放上相应的设计元素，其中底面不做展示，可不做设计。

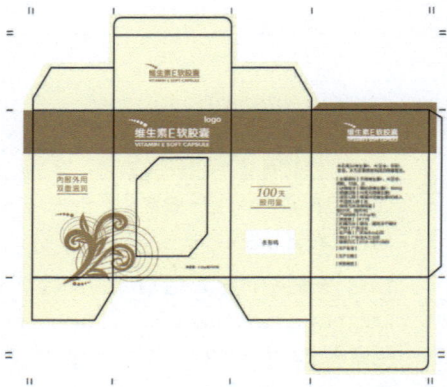

● 外盒设计稿

⑤ 转曲线，即创建轮廓。恭喜你，一套完整的包装作品完成了。虽然设计的步骤较多，但是多做练习就会得心应手。

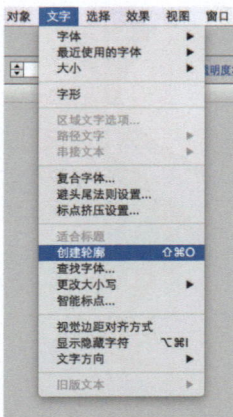

● 转曲线保存

第 6 章

纸类材料

纸在日常生活中必不可少，在印刷界更是使用率很高的印刷材料。所谓纸，是指将植物纤维、动物纤维、矿物纤维、化学纤维等压平或合成压平而制成的薄页。

6.1　纸张的单位

克：1 平方米纸的重量。

"克"作为纸张单位用得最普遍，不同的纸克数范围不同，比如铜版纸常见的克数是 157g、200g，白卡纸常见的克数为 300g、350g。克数越小，纸张越薄，挺度越低；克数越大，纸张越厚，挺度越高。

令：500 张全张纸为 1 令（出厂规格）。

吨：与平常单位一样，1 吨 =1000 千克，用于计算纸价。

6.2　常用纸张

6.2.1　铜版纸

1. 定义

铜版纸是俗称，有的地方叫粉纸，实际上它的专业名称为印刷涂布纸。

● 铜版纸

铜版纸的制作过程是这样的：把又白又细的瓷土调和成涂料，均匀地抹在原纸表面上，制成高级印刷纸。可涂一面也可涂两面，涂一面的纸，称为单铜纸；涂正反两面的纸，称为双铜纸。

2. 分类

铜版纸包含光粉铜版纸和亚粉铜版纸，亚粉铜版纸就是我们常说的亚粉纸。光粉铜版纸和亚粉铜版纸的区别在于涂布的多少，光粉铜版纸的表面涂布多且均匀有光泽，而亚粉铜版纸表面涂布少且无光泽。

在印刷呈色上，光粉铜版纸和亚粉铜版纸对色彩的还原度都很高，偏差不大。但是光粉铜版纸表面有光泽，更受市场欢迎，市面上使用较多的铜版纸是光粉铜版纸。

3. 用途

由于铜版纸既光滑又洁白，可用范围非常广，大部分宣传品都喜欢用它来印刷，包括画册、宣传单张、折页、海报、挂历、包装盒和手提袋等。

用于裱糊瓦楞纸的纸张多为铜版纸。

4. 常用克数

105g、128g、157g、200g、250g、300g、350g。

105g 的铜版纸较薄，挺度不够，多用于杂志内页和宣传单张。

128g、157g 的铜版纸最常用，厚度适中，适用于画册内页、海报、挂历和宣传单张等。

200g~250g 的铜版纸比较厚，挺度高，适用于画册、书籍封面、卡片等。

300g~350g 的铜版纸挺度更高，适用于包装盒、手提袋、名片和卡片等。

误 区

Q **铜版纸和铜版有什么关系？**

A 没有关系。

几十年前印刷业还不发达的时候，确实是用铜版来做印版。从那个时候起，大家就把在铜版上印刷的纸叫作铜版纸，现在还叫这个名字只是习惯延续而已。

6.2.2 白板纸

1. 定义

白板纸也称灰卡纸或灰底白板纸，一面为洁白的涂布——正面；另一面为未漂白的牛皮浆或磨木浆——背面。

2. 用途

白板纸比较厚实，适用于包装盒、手工制品、邀请函等。但是它的挺度在卡纸类中不算高，印刷后的色彩也比不上铜版纸及白卡纸那么鲜亮（当然一般的客户难以看出细微的色彩差别），所以用白板纸印刷的成品不够高档。白板纸较其他卡纸便宜很多，如果想节省成本，不追求过高质量，白板纸也是很好的选择。

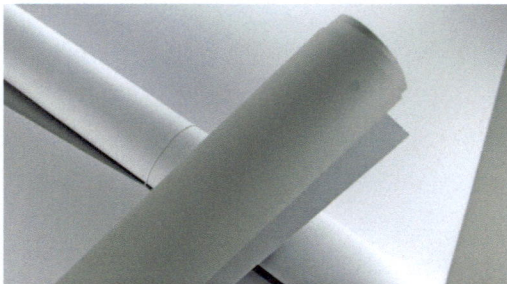

● 白板纸

3. 常用克数

230g、250g、270g、300g、350g 和 400g。

6.2.3 白卡纸

1. 定义

白卡纸是一种完全用化学漂白木浆制成的纸，表层光滑平整，表层和底层都是白色，可双面印刷。

不上颜色的卡纸是白色的，我们称为白卡纸；如果上了颜色，我们依色称为色卡纸，比如黑色卡纸称为黑卡纸。

2. 用途

白卡纸非常厚实，挺度很高，多用于包装盒、名片、吊牌和邀请函等。

3. 常用克数

200g、250g、280g、300g 和 350g。

● 黑、白卡纸

6.2.4 胶版纸

1. 定义

胶版纸是指印刷用纸，采用化学漂白针叶木浆和适量的竹浆制成，两面涂有胶料。胶版纸平滑度高，能均匀吸收油墨，是使用很广泛的纸张，办公室常用于打印的 A4 纸多是胶版纸。

2. 用途

胶版纸用途广泛，多用于书籍、彩印和办公。

书籍类：各类书籍、杂志和画册的内页。

彩印类：各种彩页、宣传单张、挂历、日历、产品说明书和信封。

办公类：办公 / 公文用纸、簿本、笔记本。

● 胶版纸

3. 分类

胶版纸又分为双胶纸和单胶纸，从字面意思就能理解，双胶就是双面过胶，单胶就是单面过胶。双胶纸的使用率很高，而单胶纸比较单薄，制造成本低，多作为单据方面的用纸。

4. 常用克数

胶版纸的克数有很多种，从 60g 到 120g 都有，也有高克数的，如 150g、180g、300g。

6.2.5 书写纸

1. 定义

书写纸其实就是胶版纸，胶版纸的克数以 60g 为最低，低于 60g 的称为书写纸。

2. 用途

书写纸用于练习簿、账簿、记录本和信纸等。

3. 常用克数

40g~60g。

● 书写纸

6.2.6 新闻纸

1. 定义

新闻纸是以磨木浆为原料制成的纸张，也叫白报纸，为报刊的主要用纸。

2. 常用克数

（45~52）± 0.5g。

3. 缺点

不宜长期存放，时间一长，纸张会发黄变脆，容易破损。

纸质疏松，吸墨性过强，不宜书写。

● 新闻纸

新闻纸由于含大量木质素和杂质，纸色较灰，多用于黑白印刷，如果用于彩印，印刷成品的色彩明度会比在普通白纸上低 30% 左右。设计师如果想提前知道新闻纸的印刷效果，可以在计算机上将色彩整体明度调低 30% 左右。

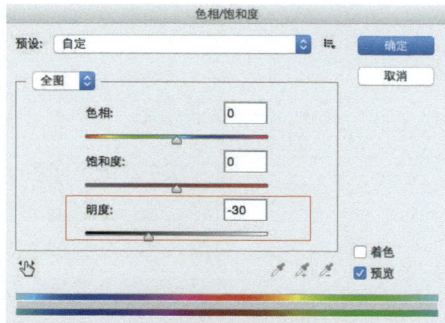

● 色相/饱和度界面

6.2.7　牛皮纸

1. 定义

　　牛皮纸是用硫酸盐针叶木浆制成的纸张，纸色为黄褐色（原色）。漂白过的牛皮纸为白色，称白牛皮纸，半漂白的牛皮纸是浅褐色的。

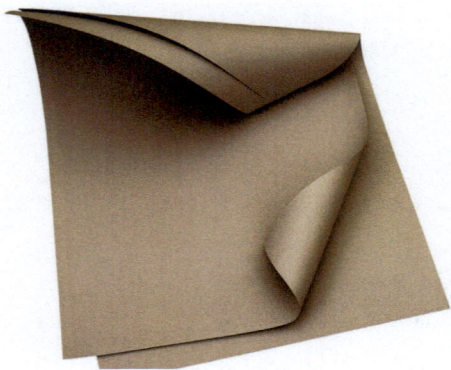

● 牛皮纸

2. 用途

　　牛皮纸韧性强，抗撕裂性强，外观素雅，多用于信封、公文袋、手提袋、包装盒、卡片、书籍和笔记本等。

● 牛皮纸包装

3. 印刷工艺

　　牛皮纸可采用凸版、凹版、胶版、丝网印刷，也可采用烫印，多用于胶印、丝网印刷和烫印 3 种工艺。

　　在褐色的牛皮纸上印色会失真，特别是浅色，所以在选颜色时要考虑好呈色效果。

　　值得注意的是，牛皮纸是不覆膜也不上光油的，所以摩擦表面会脱色，建议不要大面积印色，更不要满版印刷。

　　（小）（技）（巧）

　　在牛皮纸上印色不失真的办法是印白墨，和金银卡纸印白墨的原理一样。先在牛皮纸上印白墨，再在白墨上印 4 色或专色。白墨的覆盖力有限，加上牛皮纸过于吸墨，印出的白墨是达不到白卡纸的白度的。设计师一定要考虑呈色效果，以免增加成本。

6.2.8 瓦楞纸板

1. 定义

瓦楞纸板是由面纸和波形瓦楞纸黏合而成的多层黏合体，纸板最少为两层，即一层面纸和一层波形瓦楞纸。

瓦楞纸是用瓦楞辊加工而成的波形的纸，也称坑纸。瓦楞纸有各种颜色，彩色瓦楞纸只适用于各种手工制品。

● 瓦楞纸板

● 彩色瓦楞纸

2. 结构

瓦楞纸板至少 2 层，但是如果要做成纸箱至少要 3 层，3 层以上才能压痕折叠。用于纸箱制作的瓦楞纸板有 3 层、5 层和 7 层之分。

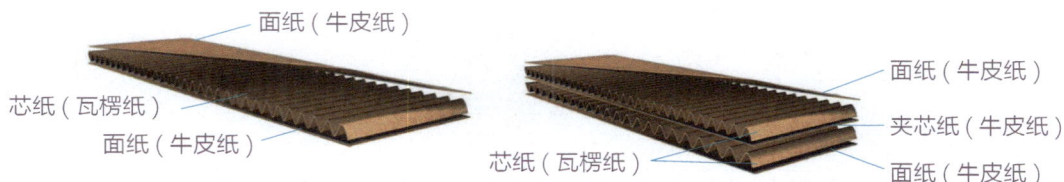

● 3层和5层瓦楞纸结构图

3. 楞形

楞形指瓦楞的形状，分为 3 种，即 V 形、U 形和 UV 形。

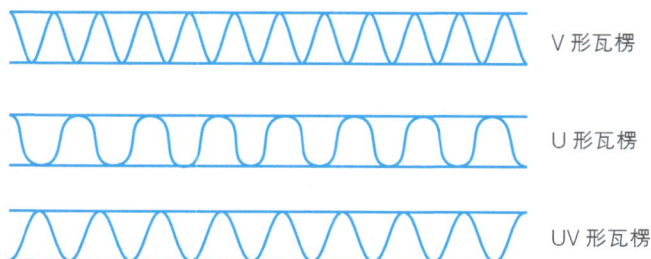

● 楞形图

4. 楞型分类

瓦楞的形状及大小决定瓦楞纸板的性质，不同的形状对应不同的抗压性能。 瓦楞纸板的楞型共有 5 种，由大到小分别为 A 楞、B 楞、C 楞、E 楞、F 楞。

楞型	楞高 /mm	特点
A 楞	4.5~5.0	单位长度内的瓦楞数量少，楞高最高，可做大号运输外包装箱，但适合装重量较轻的物品
B 楞	2.5~3.0	抗压性能强，适合装较重和较硬的物品，多用于罐头和酒瓶等的包装
C 楞	3.5~4.0	强度在 A 楞与 B 楞之间，适合做中号运输外包装箱
E 楞	1.1~1.4	薄而坚硬，多用于有一定美观要求的小号包装箱
F 楞	0.6~0.9	极薄，多用于汉堡包、甜点等食品的包装

除了常见的这几种楞型，还有一些组合楞型，如 BE 楞和 AB 楞，也就是我们说的 5 层或者 7 层瓦楞纸板，多层的组合会更坚硬，多用于大号运输外包装箱。

E 楞
C 楞
B 楞
A 楞
BE 楞
AB 楞

● 楞型

5. 印刷方式

瓦楞纸板的印刷方式有很多种，凹版、凸版、胶版都可以。

由于瓦楞纸板过于吸墨，无法印刷色彩细腻的图文，所以想印出在白纸上的效果，就可以采用先用铜版纸印刷，后将铜版纸裱糊在瓦楞纸板上的方法。

● 瓦楞纸板包装盒

6. 印前工艺

瓦楞纸板的材质比较粗糙，吸墨性强，印刷成品比不上铜版纸等的精致度。想要用瓦楞纸板印出更好的效果，需要注意以下几点。

● 考虑色差问题

由于瓦楞纸板本身的颜色相当暗黄，所以油墨印上去后会暗沉一些，比如百分之百的红色印在瓦楞纸板上后，颜色达不到色谱里的标准，会变成暗了好几度的红色。

● 避免浅色

瓦楞纸板本身就有土黄色，所以浅色油墨印上去后会看不清，特别是印黄色，印上去跟没印过一样。在颜色的选择上，建议选择饱和度高的，如大红色、绿色等，或者选择较深的颜色，使之与瓦楞纸板的颜色形成鲜明反差。

● 考虑套印次数

我们在设计纸箱时，尽量做单色或两种颜色的图文，因为颜色越多，套印次数越多，瓦楞纸板的抗压强度就会越下降。

比如一个 3 色的 Logo，分别是玫红色、黄色、紫色，制作起来是 3 个版（1 个颜色 1 个版）。可根据公司的 VI（Visual Identity，视觉识别）规范做成单色（1 个版）或双色（2 个版）。黄色没必要印，印了既没有效果又浪费一套版的费用。

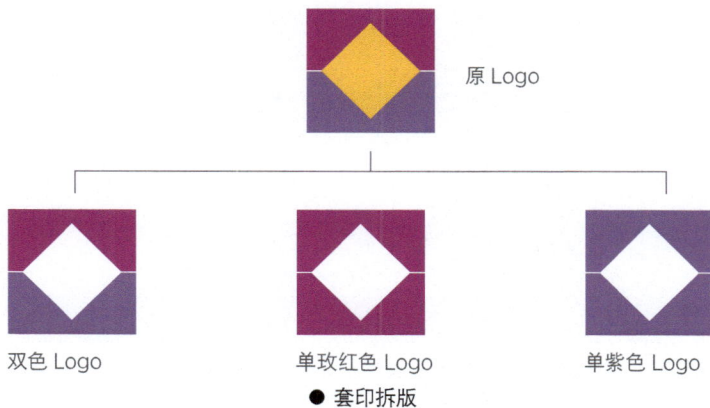

原 Logo

双色 Logo   单玫红色 Logo   单紫色 Logo

● 套印拆版

● 避免满版印刷

印刷辊整版地压过瓦楞纸板，会使瓦楞纸板的抗压强度降低，而且油墨对纸面有浸透作用，整版油墨的浸透也会使瓦楞纸板的抗压强度降低。

● 避免使用小号字

运输使用的瓦楞纸板由于纸面太过吸墨，无法印出细小的笔画，所以不要使用太小的字号，一般高度在 5mm 以下的字就很难看清了，建议字号不小于 16 号。

16 号字   字高 ≥ 5mm

7. 运输纸箱的标志

在商品运输、装卸、储存过程中，为了方便作业人员识别商品，外包装纸箱上需要印刷小心轻放、易碎、需防湿等指示标志，使他们按图示标志的要求进行操作，以保证商品的安全。外包装纸箱上的标志除了环保图标外还有很多种，不需要全部都使用，针对不同性质的商品印刷不同的标志即可。常用标志主要有以下几种。

● 指示标志

指示标志由一些简单图形、数字及简短文字组成，用以说明搬运需小心轻放、易碎、易变质等的商品的操作事项。

● 指示标志

● 识别标志

识别标志的内容主要有规格、体积、重量等，建议用表格的形式排列，这样会规整很多。

规格:
体积:
重量:
生产日期:
生产批号:
保质期:

● 警告性标志

警告性标志属于法定标志，主要用于说明易燃、易爆、有毒性、放射性、腐蚀性、氧化性等危险品的性质，以提醒作业人员注意。

● 警告性标志

8. 纸箱盒型

纸箱的盒型也是多种多样的，常用的盒型有运输盒型、手提盒型和扣盖式盒型 3 种。

运输盒型纸箱结构简单，印刷的图文内容也相当简单，只需要清楚标注产品名、型号、规格、重量、公司名以及一些相应的标志即可。当然简单不代表不好看，很多设计师都能用简单的图形和文字设计出时尚感很强的运输纸箱。

● 运输盒型

手提盒型纸箱可折叠又可平收，且结构合理，可装入较重的物品，是非常常见的纸箱形式，常作为外包装盒使用。手提盒型纸箱作为外包装盒使用时，版面图文内容就会多很多，比如产品说明书、广告语之类的，这使得纸箱内容丰富多彩。

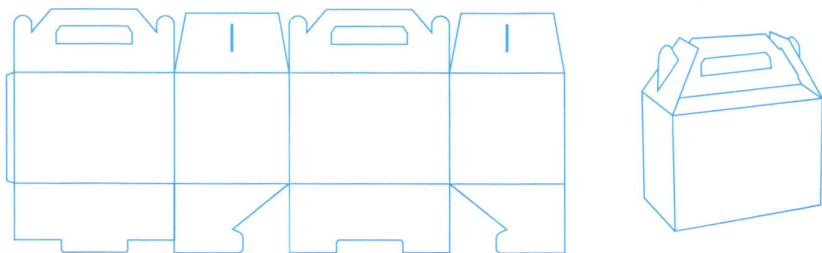

● 手提盒型

扣盖式盒型纸盒，这里我们称为纸盒，因为它一般很小，是装单个或少量物品的外包装盒，一般用 E 楞纸制作。这种扣盖式盒型纸盒比较大方，可供设计师发挥的余地比较大，一般为简洁雅致的设计风格。

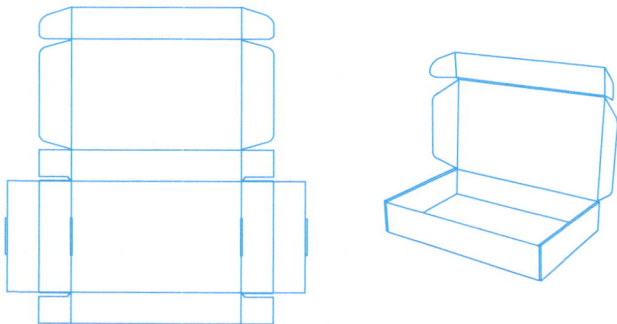

● 扣盖式盒型

6.2.9 实例：运输纸箱

运输纸箱的结构比较简单，有正面、背面、两个侧面，加上下摇盖，掩盖
无须插口，封装时需要封箱胶封住。这款纸箱我们只做单色，也就是只做一个版。

软件：Illustrator
尺寸：350mm×200mm×200mm

● 电器运输纸箱

1 绘制好纸箱刀版，或者说结构平面图，尺寸为 350mm×200mm×200mm，摇盖高度是宽度的一半才能刚好平
封住纸箱，也就是 100mm。

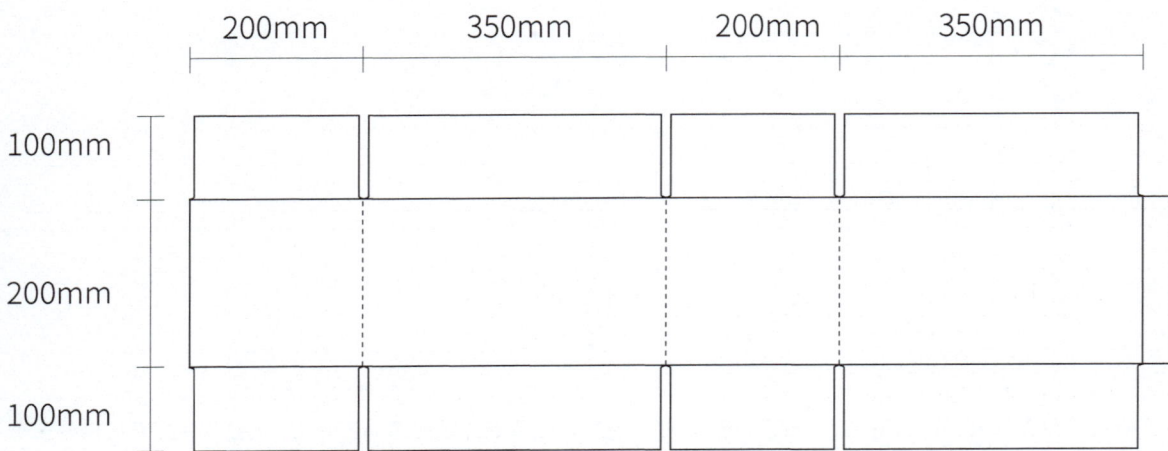

● 纸箱结构平面图

2 运输纸箱可设计不同的正、背面，也可正、背面都做一样的内容，都
叫正面，一般放置产品名和型号等。

● 纸箱正面

108

③ 侧面可以放置指示标志、条形码及产品信息。

小心轻放　　向　上　　怕　湿

条形码

品名：＿＿＿＿＿＿＿＿＿＿
型号：＿＿＿＿＿＿＿＿＿＿
重量：＿＿＿＿＿＿＿＿＿＿
生产日期：＿＿＿＿＿＿＿＿
生产商：＿＿＿＿＿＿＿＿＿
地址：＿＿＿＿＿＿＿＿＿＿

● 纸箱侧面

④ 把所有的面合并，去掉原先土黄色的底色，这种颜色是设计时为了查看效果而填充的。印刷时则无须再加印颜色，瓦楞纸本身就是土黄色的。出血线要标注一下，瓦楞纸套印的偏差为 5mm 左右，此处预留出血位 5mm。

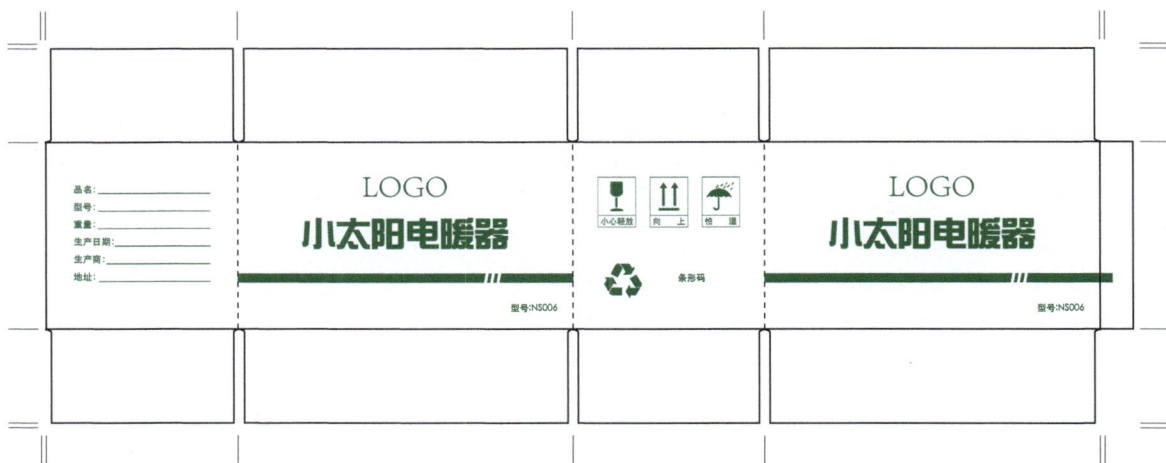

● 纸箱完整稿

6.3　特种纸

6.3.1　金银卡纸

1. 铝箔金银卡纸

● 定义

　　金银卡纸，顾名思义就是表面是金色或银色的卡纸，其实那些"金银"是一层非常薄的铝箔，它贴附在卡纸的表面，贴金色称金卡纸，贴银色称银卡纸。

　　实际上铝箔本身的颜色就是银色，所以银卡纸的银色就是原色，无须加工。而金卡纸是在银卡纸的基础上后期印黄墨加工而成的，因而金卡纸因印的黄墨不同分为暗金、浅金、红金、黄金等各种金色。

● 金银卡纸

● 克数

　　金银卡纸的克数有很多种，常见的有 125g、200g、250g、275g、300g、350g 和 400g 等。

　　铝箔在金银卡纸上的定量为 $25g/m^2$，这个数值是固定不变的。金银卡纸的克数其实是纸的克数加铝箔克数的值。

　　125g 金银卡纸 = 100g 卡纸 +25g 铝箔

　　250g 金银卡纸 = 225g 卡纸 +25g 铝箔

● 分类

　　从底纸上分，金银卡纸可分为白卡金银卡纸、铜版金银卡纸、灰卡金银卡纸 3 种。白卡金银卡纸质地好，挺度高，印刷颜色鲜亮，多用于高档礼品盒、酒盒、茶叶盒等包装。铜版金银卡纸质地也不错，印刷色泽也比较鲜亮，但是挺度不够，适合普通礼品盒及裱糊手工盒面等。灰卡金银卡纸挺度低，印刷颜色没有白卡金银卡纸那么鲜亮，但是它的制作成本较低，想节省成本多用灰卡金银卡纸。

　　从面纸上分，金银卡纸可分为亮金、亮银、亚金、亚银、拉丝金和拉丝银等。

● 金银卡纸的部分种类

110

2.PET 金银卡纸

　　PET(聚酯) 属于塑料材质，它贴附在卡纸表面制成的金银卡纸多用于使用逆向 UV 工艺的高档礼品盒、酒盒、茶叶盒、化妆品包装等。

　　PET 金银卡纸和铝箔金银卡纸相似度很高，许多人肉眼分不清两者的差别，这里教你几个区别的方法。

　　方法一：PET 薄膜非常亮，反光很强烈，而铝箔的金属光泽反光没那么强。

　　方法二：PET 金银卡纸燃烧有塑料的焦味，而铝箔金银卡纸燃烧只有纸的焦味，燃尽后会残留铝箔。

　　方法三：PET 是塑料，韧性强，PET 金银卡纸用手撕不开，而铝箔是很容易断裂的材料，所以铝箔金银卡纸很容易撕开。

● PET金银卡纸

3. 选择铝箔金银卡纸还是 PET 金银卡纸

　　铝箔金银卡纸光泽自然，印刷的成品档次很高，它深受设计师喜爱。可是它有个缺点，就是容易断裂，特别是折成盒子后，转折处会爆裂，需要覆膜才能避免。如果只过油不覆膜，比如现在流行的逆向 UV 油，折叠处就会不可避免地出现断裂。

　　PET 金银卡纸的出现正好解决了这个问题，PET 本身是塑料，不易断裂，折成盒型也不用担心转折处会断裂。

简单地说，不需要折叠时：

铝箔金银卡纸 ⎡ 覆膜 　√
　　　　　　 ⎣ 过油 　√

PET 金银卡纸 ⎡ 覆膜 　√
　　　　　　 ⎣ 过油 　√

需要折叠时：

铝箔金银卡纸 ⎡ 覆膜 　√
　　　　　　 ⎣ 过油 　×

PET 金银卡纸 ⎡ 覆膜 　√
　　　　　　 ⎣ 过油 　√

● PET金卡纸礼盒

4.UV 胶版油墨

　　铝箔也好，PET 也好，都是非吸收性材料，所以金银卡纸自然也属于非吸收性纸张。油墨印在金银卡纸上很难干透，需要用专门的 UV 胶印机和 UV 胶版油墨。UV 胶印机就是采用 UV 胶版油墨印刷的胶印机，它使用的专用油墨转移性能好，着色力强，印刷后干燥速度快。

● UV胶版油墨

5.UV 胶印机

UV 胶印机一般都有 6 种以上的颜色，即可以装 6 个版以上。其常见的机型有以下几种。

6 色机（一次性可印 6 种颜色）。

6+1 色机（一次性可印 6 种颜色，"+1"是印油的意思）。

7+1 色机（一次性可印 7 种颜色，"+1"是印油的意思）。

8+1 色机（一次性可印 8 种颜色，"+1"是印油的意思）。

8+2 色机（一次性可印 8 种颜色，"+2"是指可同时印光油和亚油两种）。

● 7+1 UV印刷机

6. 印刷呈色效果

　　金色等同于黄色，属于暖色系，4 色直接印在金卡纸上都会偏黄，多用于礼品、食品类包装。银色等同于灰色，属于冷色系，4 色直接印在上面会偏冷，多用于日用品、化妆品、礼品类包装。

　　材料的性质决定了不管是印刷 4 色还是专色，都无法完全覆盖金属本身的颜色，怎么都会透出底色。金银卡纸印刷呈色效果如下。

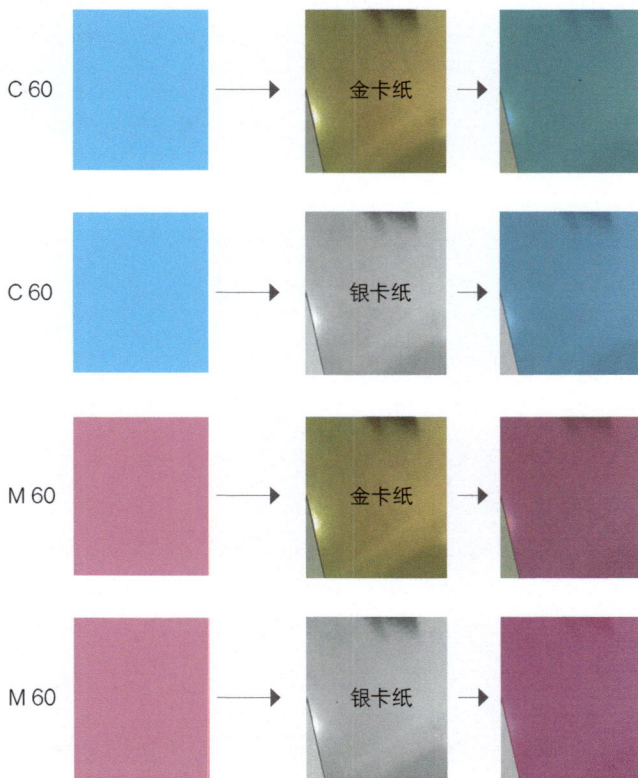

● 金银卡纸印刷呈色效果

Q 有没有标准金银卡纸色卡可用来参照颜色呢？

A 很遗憾，没有。因为银卡纸还好，金卡纸本身就没有标准颜色，它的颜色是后期加工出来的，有些偏黄，有些偏红。

Q 如何保证在任何情况下金卡纸颜色都一致呢？

A 我们说过金卡纸的颜色没有统一标准，如果换一家生产商进货，得到的金卡纸必定有色差，金卡纸的颜色不同会导致印刷的效果也不同。

　　经验丰富的设计师知道选用银卡纸来印刷，因为银卡纸的颜色都是一样的，在银卡纸上印专黄色就能获得金卡纸，这样就能保证每次印出来的金色都一样。

7. 白墨

　　当印刷人物、物品图片或标志时，高度还原色彩、不透出金属底色的办法就是印白墨。白墨是一种特殊的专色，它的覆盖力强。具体做法就是先印白墨，再在上面印 4 色或专色。白墨再怎么调也很难达到白卡纸的白度，会相对有点灰。

● 白墨

小　窍　门

Q　白墨印出来不够白怎么办？

A　有两种方法。

第 1 种是印两次，印两次的白墨足够实且足够白，但是这样做的缺点是耗时。

第 2 种是在油墨里调入少量射光蓝或者 4 色蓝，4 色蓝的量不能太多，太多的话看似很白。其实油墨里蓝色过多，用作条形码底色时，扫码机可能会认为它是蓝色，从而无法识别。

　　制作文件时，4 色和专色可以用同一个页面，不拆版，但是白墨部分一定要拆开，放到另外一个页面，不然印刷厂不知道你要印白墨的区域。

　　白墨版一般填充单黑（K100），一定要是 100% 的实色，如果透明度为 50% 或者 70%，印刷厂制版师会误以为你想白墨挂网。如果你不用单黑填充，也可专门设置一种专色来填充，前提是这种颜色一定要实地 100% 填充。

原文件　　　　　　填充单黑版　　　　　　填充专色版

● 白墨制版

114

6.3.2　实例：银卡纸包装盒

在护肤品行业，包装使用金银卡纸的现象非常普遍。下面我们就来练习设计一款保湿乳的包装盒，材料为亮银卡纸，成品覆亚膜。

软件：Illustrator

尺寸：62mm×62mm×116mm

7 套版
- 4 色版（C+M+Y+K）
- 2 种专色（专粉红色＋白墨）
- 击凸版

● 护肤品包装盒

1. 使用 Illustrator 制作包装文件很方便，这款包装我们就使用 Illustrator 制作。根据尺寸，我们先绘制盒型，也可以说是刀版。实线为裁切线，虚线为折叠线。你也可以全部用实线，因为文件拼版制版时，制版师会按照你的文件重新制作精确的刀版。

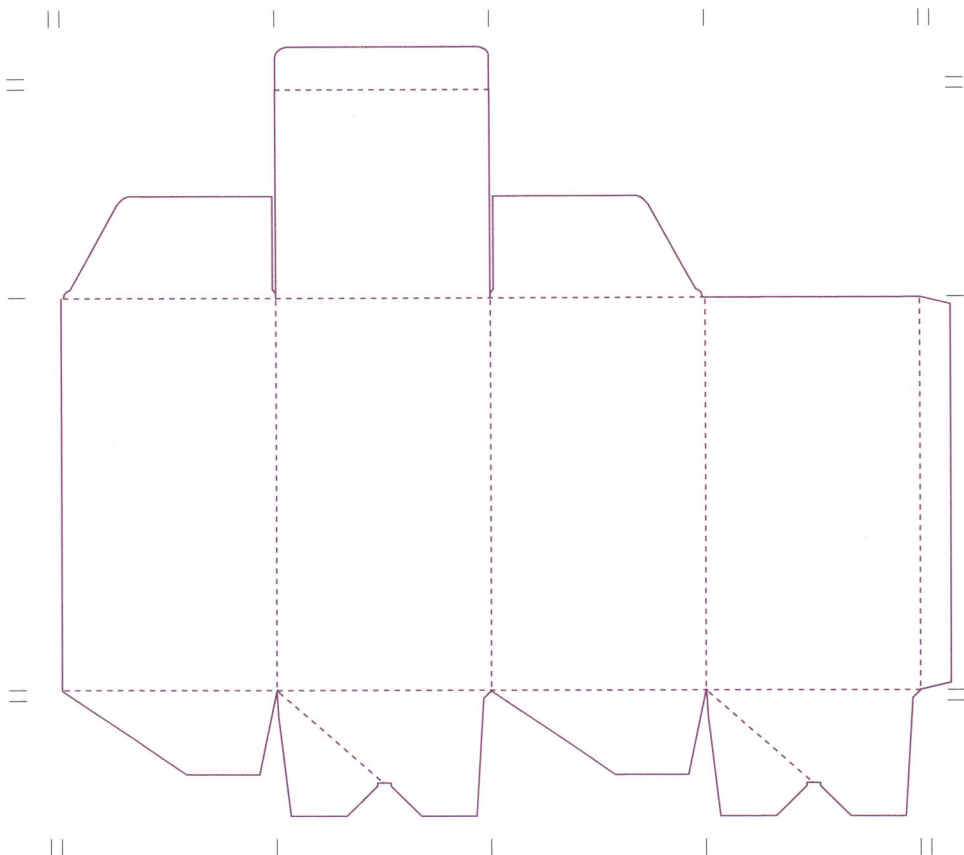

●包装盒型平面图

② 这款包装盒的主色调是粉红色，因而将粉红色做成专色。定义专色的方法是在色板上双击这种颜色，在弹出的界面中选择全局色和专色即可。还有一种办法，选择"打开色板库"→"色标簿"→"PANTONE+Color Bridge Coated"，在打开的面板"查找"文本框里输入你想要的颜色的编号，相应的颜色就显示出来了，再单击一下这种颜色，它就自动存入色板了。

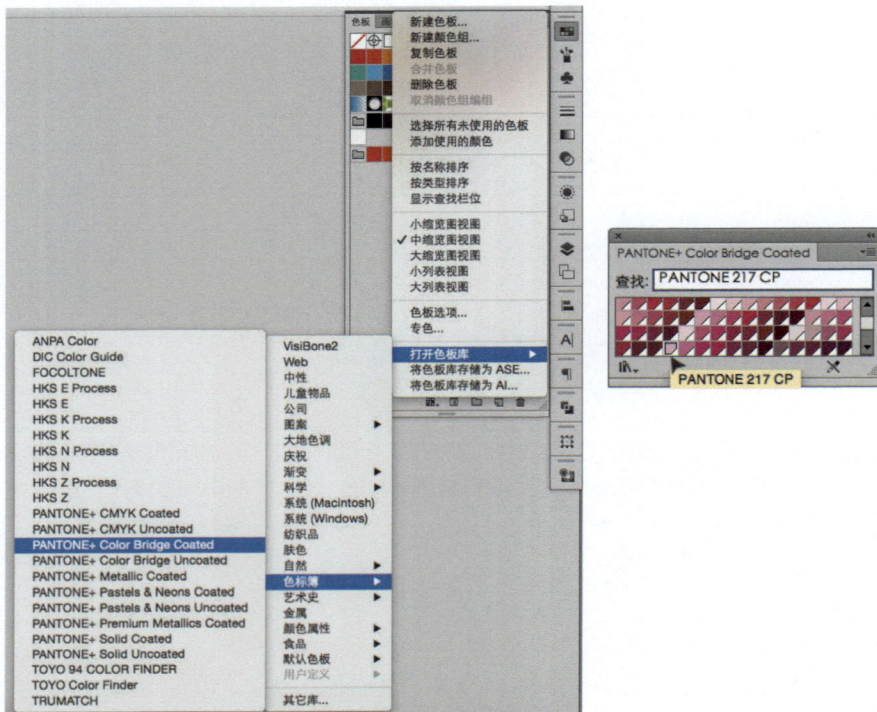

● PANTONE色选项

③ 一般包装盒分正、背面，但是如果排版内容较少，可以正、背面同为正面，也就是两个面的内容一样。正面主要元素为标志、产品名、净含量等。护肤品追求安全，因而考虑在包装盒正面放入植物元素。这里只需一片叶子，点到即止。

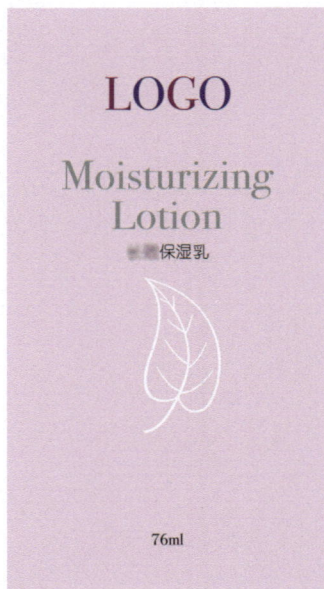

LOGO

Moisturizing
Lotion

保湿乳

76ml

● 包装盒正面

4 两个侧面放说明文字及生产商、条形码等信息。如果觉得单调，加一些底纹也是可以的，但是不要加太多，越是高档的产品，设计越简单，因为设计师会把可有可无的东西都去掉，重在合理比例和高端材质的体现。

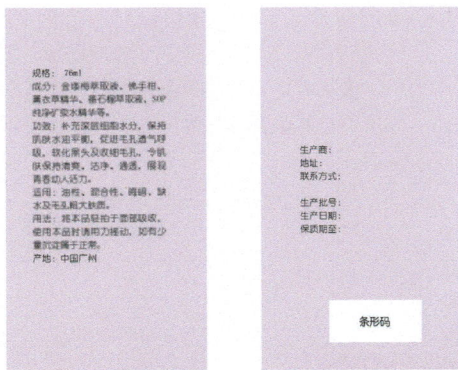

● 包装盒侧面

5 把正面和侧面组合起来，这款包装就完成了一半。还有一半是什么呢？那就是拆版。我们使用的是银卡纸，哪里漏银底，哪里印白墨，使用什么工艺都要考虑清楚并拆版。拆版的原则是一个工艺一个版，一种专色一个版。当然专色也可和 4 色合在一个版，只要不影响制版师看懂文件里的工艺需求就行。

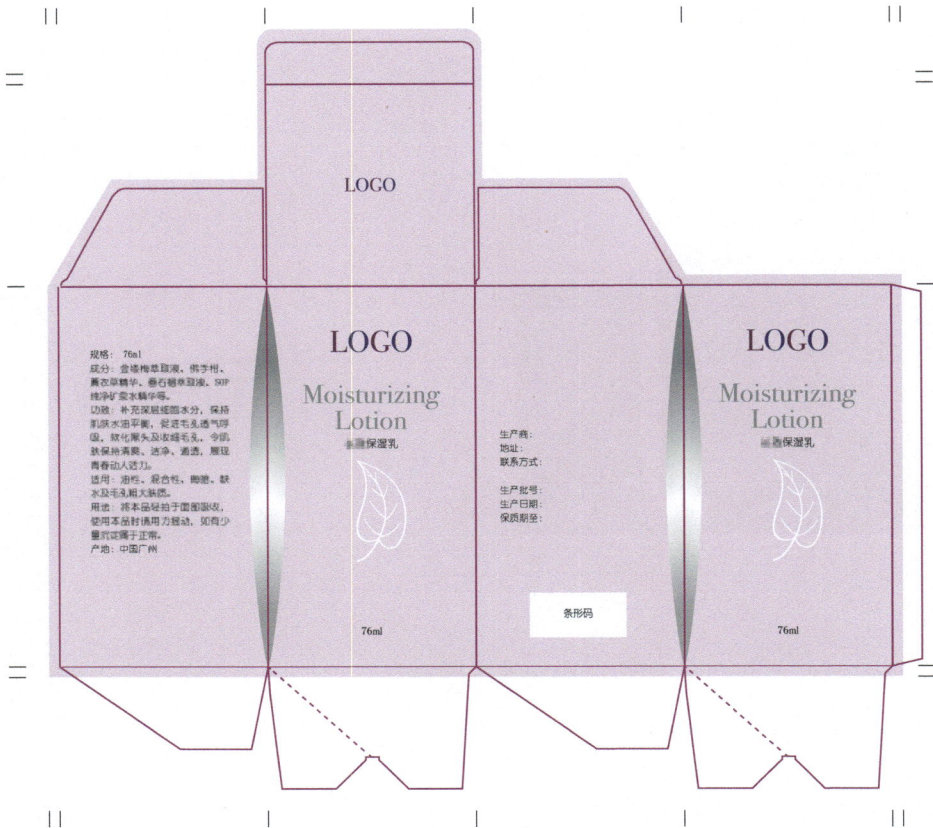

● 包装盒完整稿

⑥ 考虑清楚工艺后，就可以开始拆版了。先把做好的文件复制 3 个页面，复制的第 1 个页面做专色版，填充 PANTONE127C；第 2 个做白墨版，填充 100% 单黑色；第 3 个做击凸版，填充 100% 单黑色；原页面做 4 色版，去除 4 色以外的所有颜色。

你可能会感到奇怪，为什么灰色不见了？在拆版前左右两处灰色区域是仿银卡纸的效果，拆版时要去掉灰色，无须保留。

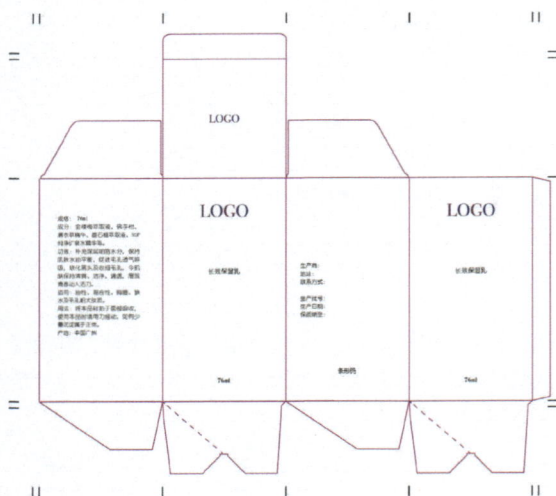

4 色版

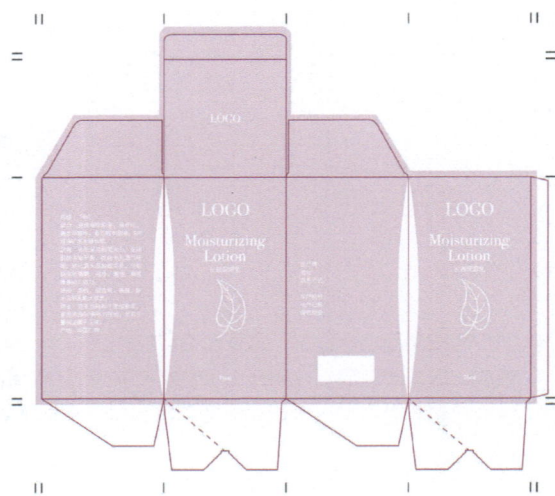

专色版

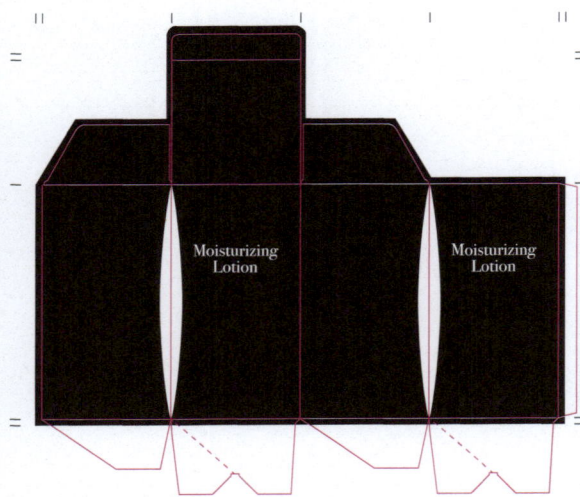

白墨版

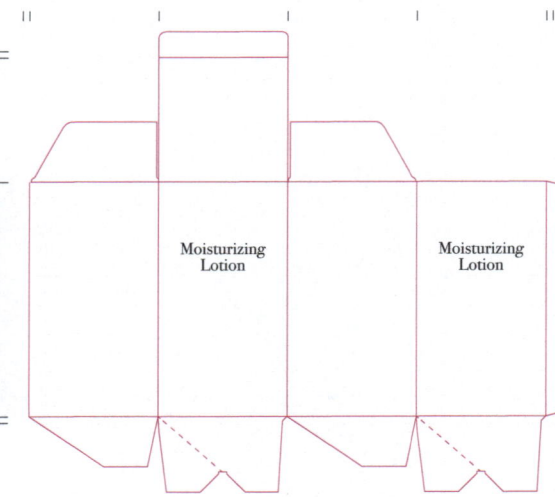

击凸版

● 包装盒拆版

⑦ 最后一步你也猜到了，文字转曲线。为什么每个实例最后都会提到这一点呢？因为要预防对方计算机没有你使用的字体，自动替换别的字体甚至出现乱码。养成良好习惯，转好文字再发文件，有益无害。选择文字后，在"编辑"里选择"创建轮廓"即可。恭喜你，又完成一款包装设计。

6.3.3　彩色纸

1. 定义

　　彩色纸是在制纸的过程中，对白纸的浆料进行染色而制成的纸张。根据形态，彩色纸可分为彩色纸张和彩色卡纸（色卡纸）。

● 彩色卡纸纸样

2. 用途

　　彩色纸张较薄，挺度低，多用于手工折纸，也可用于装裱相册、裱糊包装外盒，起到装饰的作用。

　　彩色卡纸厚实而坚挺，定量也大，多用于包装盒、手提袋、名片和吊牌等。

3. 印刷工艺

　　由于彩色纸本身有颜色，印刷上去的颜色会严重失真，一般胶印只印黑色，或者用烫印、丝网印制。

● 色卡纸烫印工艺

（小）（窍）（门）

　　其实使彩色纸印色不失真的方法是有的，但这个方法很少用，那就是印白墨。我们知道，金银卡纸想印色不失真的地方都会先印白墨，彩色纸也是这样，先印白墨，再在白墨上印 4 色或专色。但是白墨的覆盖力有限，达不到白卡纸的白度，设计师对此一定要心里有数。

6.3.4　压纹纸

1. 定义

压纹纸是指表面有十分明显的凹陷花纹的纸张，从形态上分为压纹纸张和压纹卡纸两种。

● 压纹纸纸样

2. 压纹种类

压纹纸的压纹种类数不胜数，常用的有横纹、波浪纹、皮纹、石纹和叶纹等。

各种压纹纸中，刚古纸最出名，它是英国生产的一种高级商用、办公用纸，英文全称为 Conqueror Paper。刚古纸表面有横纹，挺度高，纸质好，尽显稳重，因而被称为"具有绅士风的卡纸"。

● 刚古纸

3. 印刷工艺

压纹纸上胶印机印刷比较麻烦，由于胶印是平版印刷，凹陷部位油墨很难印到，所以建议不要使用胶印，可使用烫印或丝网印刷。如果压纹较小，也就是凹陷部位较小的也可以上机印刷，但是油墨的均匀度一定没有表面光滑的纸张高。

● 压纹纸烫印工艺

小　窍　门

既想印刷效果好，又想有压纹的办法就是使用光滑纸张，先印刷后压纹。很多印刷厂都有压纹机，并配有各种压纹样板供选择，可满版压纹，也可局部压纹。如果你不满意印刷厂提供的压纹样板，也可根据自己的需求设计压纹。

具体的印刷过程为：胶印→覆膜→压纹。

6.3.5 珠光纸

1. 定义

　　珠光纸是指表层有珠光晶体，在光的照射下会呈现珠光效果的纸。这种纸高档精美，常用于高档包装、贺卡、请柬、吊牌、精装书封面和手工折纸等。

● 珠光纸纸面

2. 印刷用纸

　　珠光纸颜色较多，有金色、粉红色、珠白色、冰白色、紫色、黑色等，用于胶印的颜色以浅色为宜，最好使用冰白色，它是珠光纸中最白的颜色。其他深色的珠光纸，印刷上去的颜色显示不出效果，只能烫印和丝网印刷。

● 珠光纸

3. 印刷工艺

　　珠光纸印刷其实是一件比较麻烦的事，要注意以下几点。

　　纸张表面因涂有一层珠光晶体，吸墨比较慢，会引起油墨扩散。想要印刷效果好就要用 UV 油墨来印刷，那是专门针对特种材料吸墨特性的一种油墨。

　　珠光纸的珠光晶体容易破碎脱落，阻碍油墨的吸收，因而在印刷过程中，要清扫干净珠光纸表面脱落的晶体。

● 珠光纸印刷效果

　　油墨会大大削弱珠光纸的光泽，因而最好不要大面积或满版印刷。另外满版印刷还会造成糊墨从而弄脏版，建议设计一些简单的线条和图文，这样既美观，又能展示出纸张原本的华丽效果。

第 7 章

特种印刷

采用特殊材料、特殊制版、特殊后加工的印刷都可以称为特种印刷。简单地说，除了常见的胶版印刷外，其他印刷都可以称为特种印刷。

特 在 哪 里 ?

1. 材料特殊

特殊承印材料有玻璃、塑料、金属、陶瓷、丝绸、不干胶、木材等。

2. 油墨特殊

由于特殊承印材料大部分不易吸收油墨，因此需使用具有特殊性能的油墨。

3. 印刷工艺特殊

采用不同于一般印刷的制版、印刷机和后加工方法。

这些，这些，还有这些……都是特种印刷品。

● 特种印刷品

常见的特种印刷有不干胶标签印刷、铁皮印刷、皮革印刷、塑料薄膜印刷、凹版印刷、丝网印刷等。

7.1　凸版印刷

7.1.1　凸版印刷概述

1. 古代凸版印刷

凸版印刷历史悠久，古代的雕版印刷就是最早的凸版印刷。当时是在木板上雕刻，去除不印刷的部分，剩下的印刷部分则高于非印刷的部分，蘸上墨后印在纸张或布上即可。如果你还不太清楚，想想印章的原理就很容易理解了。

● 古代《金刚般若波罗蜜经》凸版印刷（局部）

2. 现代凸版印刷

如今的凸版印刷也是这个原理，印版的承印部分高于非印刷部分，通过墨辊将油墨转移到承印物上，油墨只能转移凸起的图文部分，而较低的非图文部分则没有油墨。

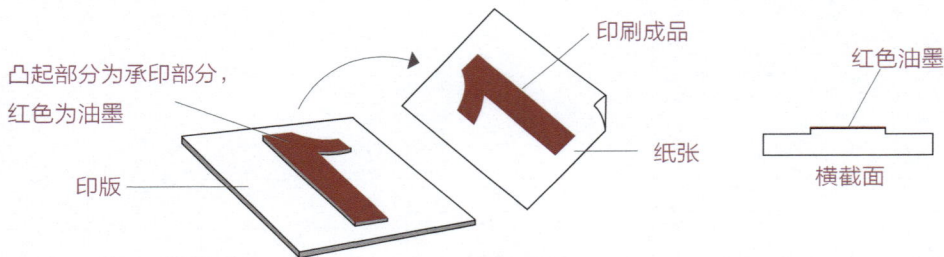

凸起部分为承印部分，红色为油墨
印刷成品
纸张
印版
红色油墨
横截面

● 凸版印刷原理图

3. 印版

印版使用的是树脂材料，这是一种较软的塑料（聚氯乙烯）。做好的树脂印版较透明，表面凸起的部分就是承印部分。装版时直接将树脂印版卷在版辊上，然后装上印刷机就可以印刷了。印几个版就卷几个版辊，印完取下洗净又可以卷其他的版，可重复使用，非常方便。

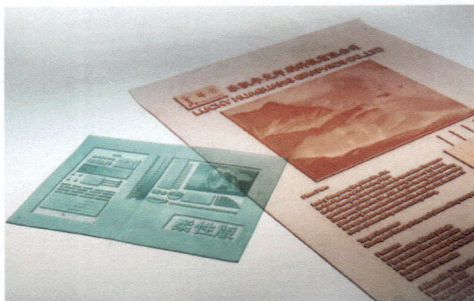

● 树脂印版

● 版辊

4. 印刷机

凸版印刷使用的印刷机有 3 种：圆压圆型凸版印刷机、平压平型凸版印刷机和圆压平型凸版印刷机。

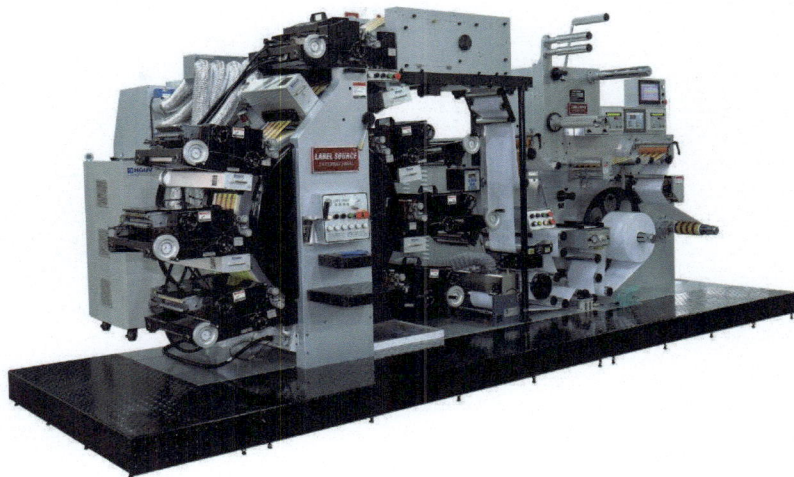

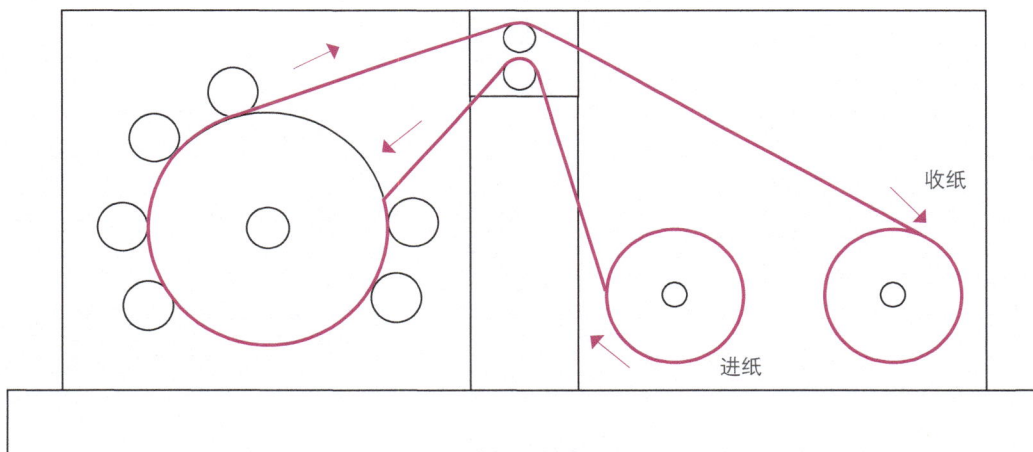

● 凸版印刷机原理

5. 应用

由于凸版印刷机能使印刷和各种工艺同步进行，如烫金、过膜、裁切、防伪等，能满足很多高档产品的多种包装需求，所以凸版印刷广泛运用于制作各行各业的标贴及高档产品包装等。

7.1.2 不干胶

1.定义

不干胶带黏性，是以纸张或薄膜等材料为面料，背面涂有胶，底部有底纸的一种复合材料。

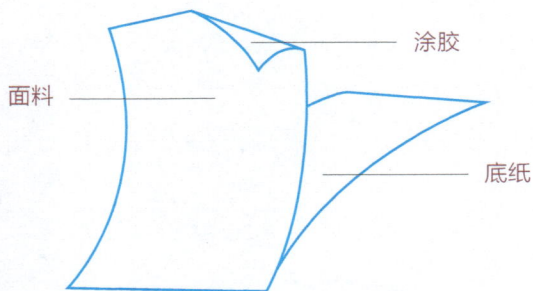

涂胶

面料

底纸

● 不干胶结构图

2.分类

不干胶按照材料的颜色可分为白色不干胶、金银不干胶和透明不干胶。

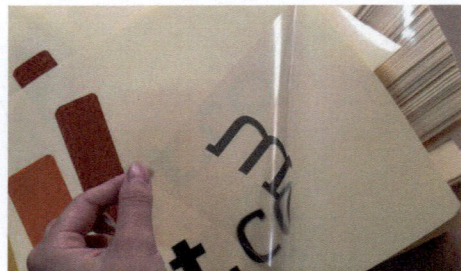

● 不干胶材料

　　不干胶材料按照成分来分，常用的有纸类、PET、PE、PVC 等。这么多种以"P"开头的材料，是不是很难分清呢？其实通俗地说，这些都是塑料材料，我们来着重讲讲这几种以"P"开头的材料。

　　这几种以"P"开头的材料确实很像，都是塑料材料，颜色区别不大，有抗水抗油的性能，它们的区别在于部分物理和化学性能。

　　总之，这几种材料肉眼很难区分，专业人士可以通过手撕、火烤等办法区分，最可靠的做法是通过仪器检测来区分。

材料	颜色	抗水抗油性	抗撕裂性	透明度	硬度
PET	白色、透明	优	优	优	优
PE	乳白色、透明	优	良	差	良
PVC	微黄色、透明	优	良	良	差

3. 塑料回收标志

塑料制品都会在包装袋下方或者容器底部标注一个三角形，三角形里面有 1~7 的数字编号，每个编号代表一种塑料材料。这些标志是为了方便识别和回收分类。

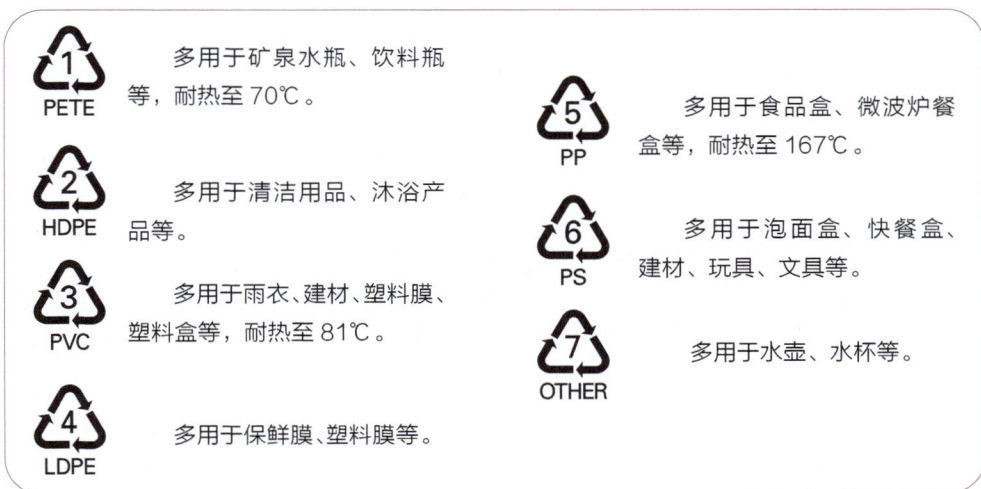

1 PETE	多用于矿泉水瓶、饮料瓶等，耐热至 70℃。	**5** PP	多用于食品盒、微波炉餐盒等，耐热至 167℃。
2 HDPE	多用于清洁用品、沐浴产品等。	**6** PS	多用于泡面盒、快餐盒、建材、玩具、文具等。
3 PVC	多用于雨衣、建材、塑料膜、塑料盒等，耐热至 81℃。	**7** OTHER	多用于水壶、水杯等。
4 LDPE	多用于保鲜膜、塑料膜等。		

7.1.3 不干胶印前工艺

1. 印 4 色

在不干胶上印刷的复杂的 4 色会比在普通纸上印刷的颜色暗沉一些，特别是几个版撞出来的复色，就犹如饱和度降低了一般，效果与预期有点儿差距。建议 4 色部分多用一些纯度高的颜色，如天蓝色、大红色等。

2. 印专色

在不干胶上印专色能比在普通纸上印得更鲜亮通透，所以建议文件能做专色尽量做专色。当然还要看你使用的印刷机是几色机，如果是 8 色机，就可以做 4 种专色加 4 色。

比如下面这张图，使用的是 8 色机印刷，如果用 4 色印刷，印刷机将剩余 4 个版，把其中几种颜色做成专色，既能充分利用印刷机，又能很好地把握颜色。那么我们就来拆版吧，除了中间的灯笼颜色比较复杂，做不了专色，底部的几个圆圈色块都可以做成专色进行印刷，这样就能充分使用 8 色机的所有版了。

● 专色拆版

3. 印白墨

银色不干胶和透明不干胶经常会印白墨，对于不想透出底色的部分，可以先印一层白墨，再在白墨上印其他颜色。这里说的先后是印版的顺序，不是分两次印刷，而是按照顺序一次上机印完。

4. 挂网

挂网是指减小网点比例，使印刷品产生渐变色效果。不干胶的挂网效果不太好把握，挂网的网点非常明显，特别是渐变到几乎无色的地方，挂网的地方会因印不出来而出现断节。建议挂网比例不低于 5%，而且最好是单色或专色挂网。

原文件

M 100 ⟶ M 0

模拟放大
的网点

M 100 ⟶ M 0

● 挂网图

5. 除胶

我们经常会在一些日化产品上看到一些小小的不干胶贴在上方，内容多是促销信息。不干胶贴在产品上的部位有胶，露在外部的地方光滑无胶，这是怎么做到的呢？这种技术叫作除胶，就是用机器把不干胶背面的部分胶除去，除胶后的区域光滑洁净，保留的部分胶用于粘贴。除胶不干胶标签一般不会做成太大的尺寸，标签太大会盖住产品的重要信息。

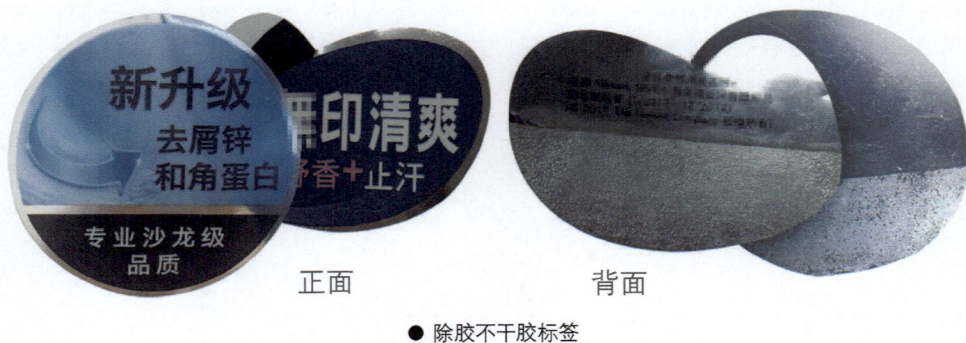

正面　　　　　　　　背面

● 除胶不干胶标签

6. 反贴标签

　　反贴标签分正反面，正面朝外，背面透过瓶子和水能看到。一般正反面内容不一样，背面尽量不要放说明文字，因为经过光的折射，文字会放大或变形。

　　反贴标签适用于高品质的矿物水、酒类等产品，容器一定要选用高透明度的玻璃瓶或塑料瓶。

● 反贴标签

● 印刷方法一：中间印白墨

　　就拿下面这张图来说，最底层印 C、M、K 3 种色，没有 Y 色（图文要水平翻转，这样贴在透明瓶上从背面看起来就是正的）；中间印两次白墨（一次不够白，最好印两次）；最上层印 C、M、K 3 种色，同样没有 Y 色，加起来总共 8 套版。

　　上机后印刷顺序为：最底层 3 色—中间两次白墨—最上层 3 色，一次上机印成。

● 反贴标签工艺图1

● 印刷方法二：中间贴白 PET 不干胶或铜版纸不干胶

　　最底层印 C、M、K 3 种色，没有 Y 色（图文要水平翻转，这样贴在透明瓶上从背面看起来就是正的）；中间贴白 PET 不干胶或者铜版纸不干胶，一层就够了；最上层印 C、M、K 3 种色，同样没有 Y 色，加起来总共 7 套版。

　　上机后印刷顺序为：最底层 3 色—中间贴纸—最上层 3 色，一次上机印成。

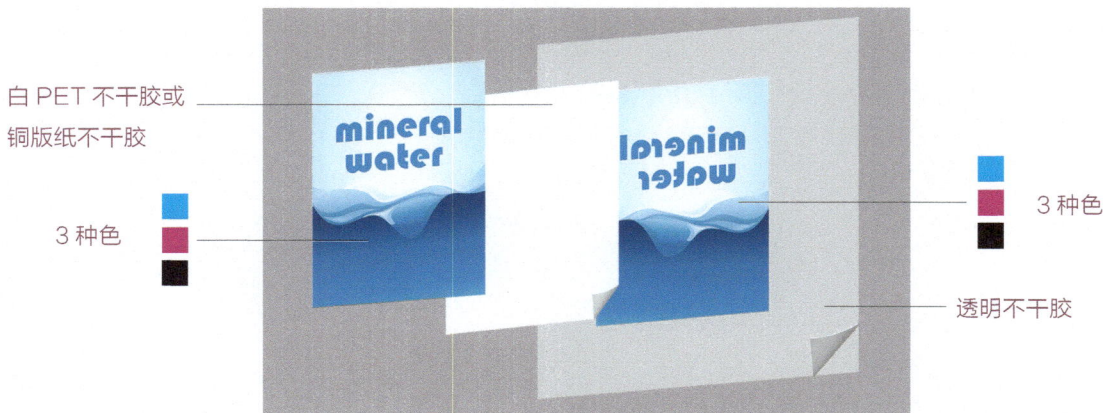

● 反贴标签工艺图2

7.1.4　实例：除胶不干胶标签

　　日化和护肤产品对除胶不干胶标签的使用率很高，下面我们来做一款洗面奶的除胶不干胶标签，材料为亮银 PET 不干胶。

软件：Illustrator

尺寸：56mm×70mm

2 套色：红色专色 + 白墨专色

● 除胶不干胶标签

---

① 用 Illustrator 新建一个文件，画一个 48mm×48mm 的圆，在左上角加上皇冠图案。为了使皇冠和圆形同为一个弧度，最好用布尔运算功能减去多出的部分，在 Illustrator 里，这个功能叫作"路径查找器"。在正下方放一个尖尖的三角箭头，这样基本形状就出来了。

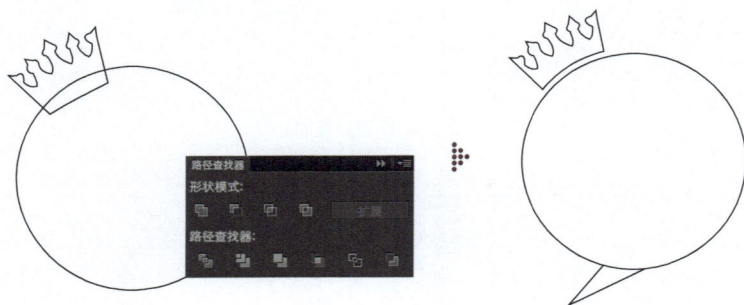

● 路径查找器

---

② 我们再来画一下标签的裁切版，只需要原位复制一套组合，再根据轮廓向外扩大 2mm，形成边。皇冠的尖角太复杂，如果按照这个形状裁切容易卷曲，因此建议以一个简单的形状概括。

● 标签形状图

③ 填颜色。边框为灰色，这种灰色其实是银色，这里填充灰色是为了看效果。再建一种红色专色来填充中间部分，先在 PANTONE 色卡上选一种想要的颜色，然后在色板库中通过"查找"找到此颜色，这种颜色就自动弹出并存入色板里了。

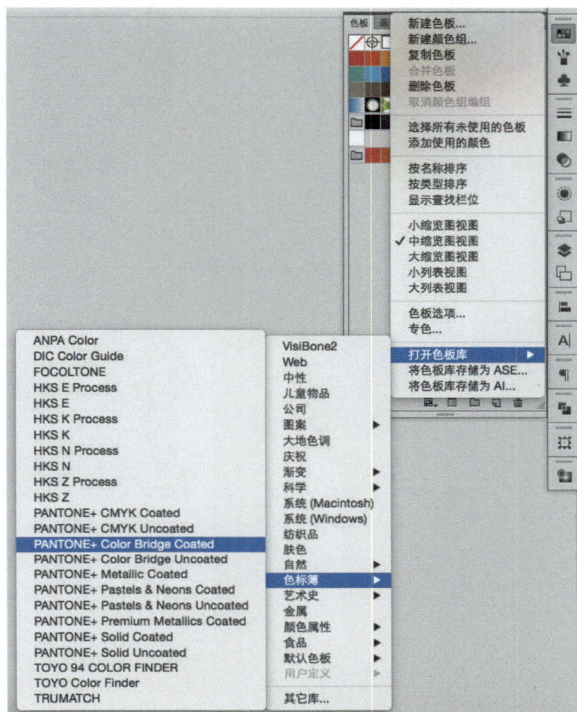

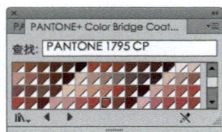

● PANTONE选项

④ 促销内容文案使用的字体一般笔画较粗，这样才够醒目，达到吸引顾客的目的。这款产品的促销内容文案为"畅销产品"，我们使用胖娃体，并在某些笔画处做了一些变动，以让字体更具动感，更能活跃气氛。

● 标签完整稿

⑤ 标签基本就做好了，灰色部分是不干胶的银色原色，察看效果时可填充灰色，实际印刷时不需要任何颜色，留空白即可。然后我们按照印刷要求来拆版，这款标签设计简单，只有两个版，一个是专红色版，另一个是白墨版，白墨版填充 100% 单黑色。

● 标签拆版

⑥ 除胶部分为标签的上 1/2 区域，可直接跟印刷厂讲清楚，也可做一个版，在除胶部分填充黑色。这样这款除胶不干胶标签就做好了。

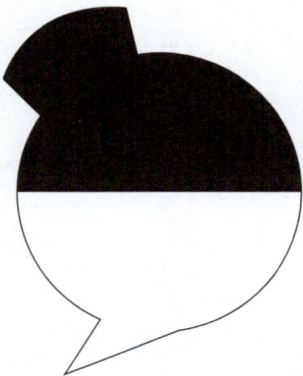

● 标签除胶版

7.1.5 实例：透明不干胶标签

日化产品在生活中很常见，我们再来设计一款洗洁精标签，材料为透明 PET 不干胶，成品分正反两个面。

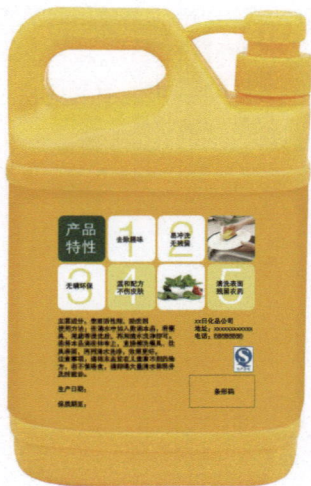

软件：Illustrator

尺寸：120mm×110mm

5 套色：4 色 + 白墨

● 洗洁精标签

① 用 Illustrator 新建一个文件，文件尺寸为 120mm×110mm，画板数量为 2，出血设置为 3mm，颜色模式为 CMYK。

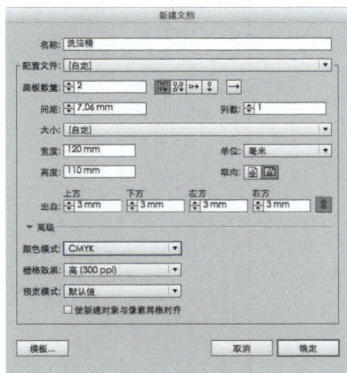

● 创建文件界面

② 构思好这款洗洁精标签的设计方案后,首先确定配色。洗洁精主要用于清洗蔬菜水果和餐具，与植物有关，用绿色调比较贴切，加上容器颜色为黄色，黄色与绿色搭配会很和谐，因此色调定为黄绿色调。

配图为柠檬、其他蔬菜水果和餐具。有了图片，人们对产品的功能性质更加一目了然。

● 部分设计元素

③ 第 1 个页面为正面，主要放 Logo、产品名、净含量等。再配上柠檬的图片，让版面更生动。

④ 第 2 个页面为背面，主要放产品说明、公司信息、条形码等。文字排版尽量不要超过 3 种字体，这里我们只用黑体。

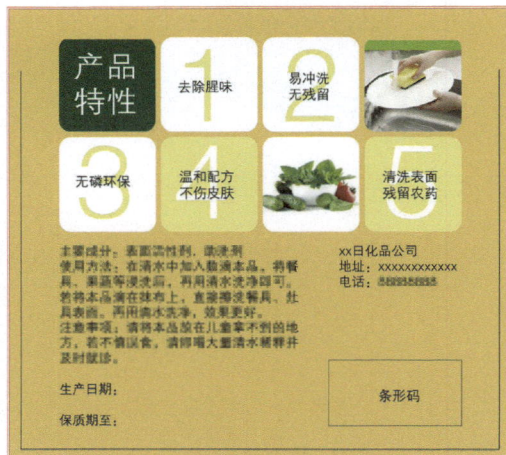

LOGO

超净

高效洗洁精

全新升级

净含量:1.5千克

● 正面标签

产品特性 | 去除腥味 | 易冲洗无残留

无磷环保 | 温和配方不伤皮肤 | 清洗表面残留农药

● 背面标签

⑤ 拆版时，复制一个正面画板，删除所有不需要印白墨的图文，只剩下几个色块和柠檬的图片。为它们全实地填充黑色，正面的 4 色版和白墨版就都做好了。

用同样的方法复制背面画板，除了上半部分的几个方块保留并全实地填充单黑色外，其余所有图文都删除。

4 色版

4 色版

白墨版

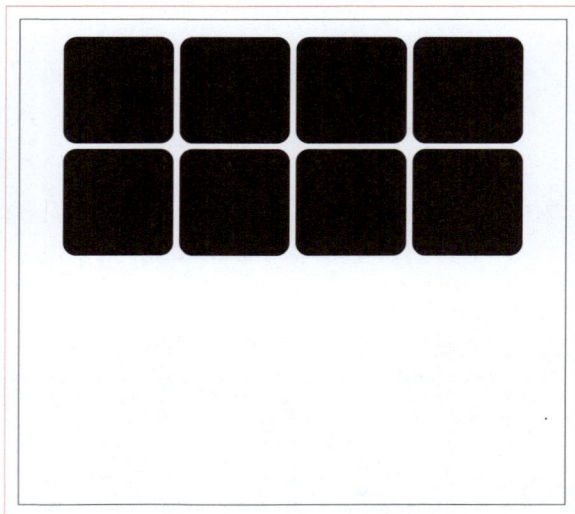

白墨版

● 标签拆版

⑥ 文件做好后，另存为一个将文字全部转曲线的文件，就可以发给印刷厂印刷了。

134

7.2 凹版印刷

7.2.1 凹版印刷概述

1. 定义

　　跟字面意思一样，凹版印刷就是印版的承印部分是凹陷的，油墨填涂在印版上，利用刮墨刀把印版表面的油墨刮掉，通过压力的作用，使留在印版凹陷部分的油墨印到印刷膜上。

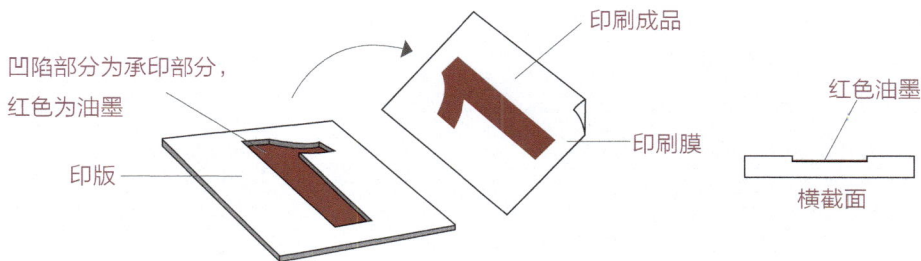

凹陷部分为承印部分，红色为油墨

印版

印刷成品

印刷膜

红色油墨

横截面

● 凹版印刷原理图

2. 材料

　　凹版印刷用的材料主要是塑料薄膜，你一定觉得不可思议，材料怎么这么薄？这只是印刷膜而已，印完还要复合薄膜。我们肉眼看到的简单的一个印刷成品，就算是透明的，也可能复合了好多种材料，最起码表面都要复合一层膜以保护印刷画面不脱落。

　　印刷膜没有热封功能，印刷好后还得复合一层热封膜。有的会在印刷膜和热封膜中间复合一层铝箔或聚酯镀铝箔膜，以提升产品的防潮性。

　　凹版印刷的油墨较厚实，还原性高，可以让原稿颜色的饱和度和亮度都得到更好的再现，所以凹版印制的成品色泽非常鲜亮饱满。

● 凹版印刷膜

● 铝箔材料

塑料薄膜、铝箔主要用于以下几类产品的包装。

食品类：方便面、奶粉、茶叶、饮料、糖果、冷冻鱼虾、调味品等。

日化品类：洗发用品、化妆品、洗衣粉等。

医药类：药片、药袋等。

3. 印刷机

凹版印刷用的版辊又大又重，费用较高，墨辊上印刷图文的部分是凹进去的，装上机后，采用挥发性好、易着色的油墨印刷。

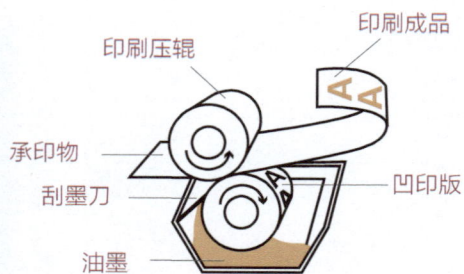

● 凹版版辊及其原理图

凹版印刷的顺序很简单：由深到浅，头进尾出。如果是高级一些的 13 色机，可以两头同时印刷。如果要同时印两个文件，就需要使两个文件的版数总和小于或等于 13。

● 凹版印刷机

4. 洁净室

由于凹版印刷材料多数是内包材，直接接触产品原料，要确保产品原料不变质，特别是药品，对细菌总量的要求就很严格，因此凹版印刷材料的洁净度一定要达标。印刷车间一般需要达到十万级至三十万级净化车间标准。

所谓洁净室是指将室内温度、洁净度、压力、气流速度与气流分布、噪声、照明、静电控制在需求范围内，并将空气中一定范围内的微粒子、有害空气、细菌等污染物排除的特定房间。

凹版印刷的车间辐射非常大，进入洁净室需穿戴特定的衣帽、口罩及鞋套，这些装备除了能保持车间的洁净度，还能隔离一定的辐射。

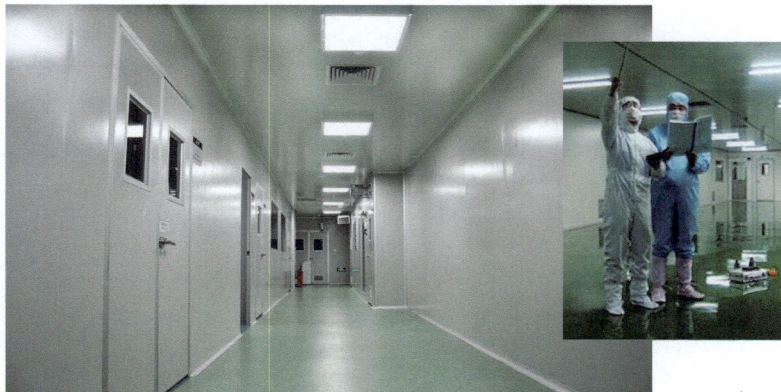

● 洁净室

7.2.2 塑料薄膜印前工艺

1. 印色

● 满版白墨印刷成品

● 局部白墨印刷成品

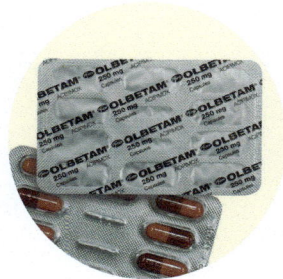

● 复合铝箔印刷成品

由于印刷膜是透明的，一般都要印一层浅底色，印白墨最常见。按照凹版印刷原理，颜色按由深到浅的顺序印。

除了满版印白墨的做法外，还可以局部印白墨。不印白墨的地方一般是为了展示产品而设定的。

有的薄膜是复合在铝箔上的，铝箔是银色的，不印油墨的地方就会露出银色。铝箔的正反面不一样，一面是亮银，另一面是亚银，复合哪一个面都可以。

2. 套印

凹版印刷机印刷时会出现套印误差，所以做设计文件时，尽量避免设计过细线条、小字号文字和渐变图案。

比如下面这张图，线条太细，最好改为 0.5pt 或以上的线；渐变色太复杂，印刷有困难，建议改为无网实色。

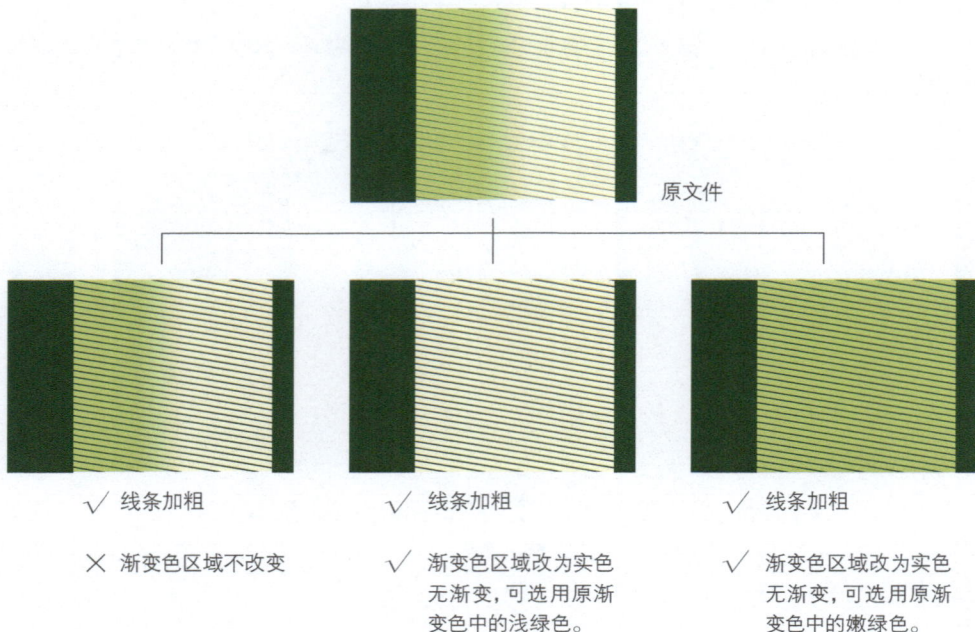

● 套印线条

3. 热封边

塑料袋一定要热封开口才能有效保存产品，热封的边宽为 8mm 左右。热封后的边有褶皱，应尽量避开图文部分，以免看不清。

此为热封前塑料袋的平面展开图和折叠图，蓝色区域为热封区域。

● 热封边

4. 光点

我们经常能在一些塑料袋边角处看到一个小方块，可能你会觉得它与包装设计格格不入，但是它一定要有，这是为开展后期的切割而放置的。这种小方块叫作光点，用于切割定位。产品装袋热封好之后，需要由切割机一袋一袋地切开。有些切割机需要用光眼识别切割，而光点就是给光眼识别定位用的。

光点可以是任意颜色，以黑色最常见，用色的标准为一定要与底色的明度反差大，不然光眼识别不了。比如，浅底色可配深色或黑色光点，深底色配白色、浅色、金银色光点都可以，而绿色底配蓝色光点就不行，因为二者的明度差不多。

138

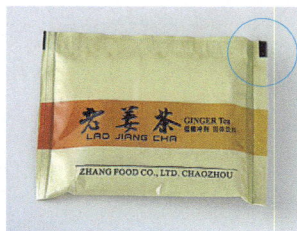

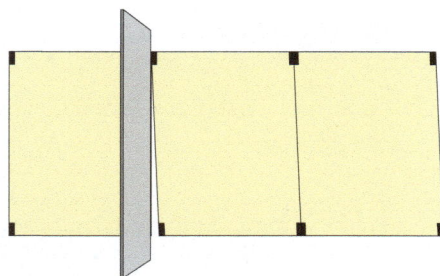

● 光点

5. 切割误差

切割机在切割时是有一些误差的，误差大概为 2mm，所以图文部分的设计一般要避开切割处，能全版用一个底色最好。

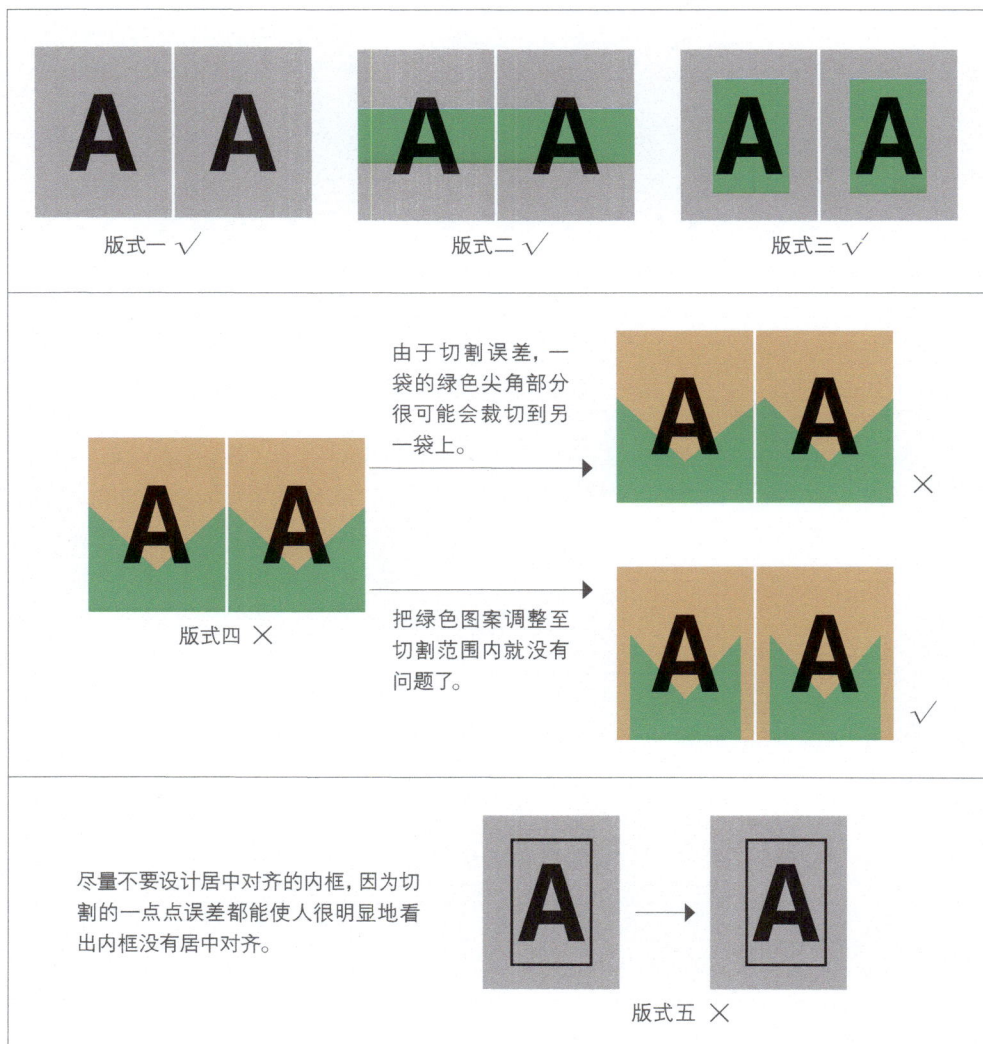

版式一 √   版式二 √   版式三 √

由于切割误差，一袋的绿色尖角部分很可能会裁切到另一袋上。

把绿色图案调整至切割范围内就没有问题了。

版式四 ×

尽量不要设计居中对齐的内框，因为切割的一点点误差都能使人很明显地看出内框没有居中对齐。

版式五 ×

● 切割图

7.2.3　实例：食品塑料袋

话梅是大家常见的食品之一，下面我们就来练习设计一款话梅包装。这个实例会展示如何绘制思维导图，这对于初学者而言是一种非常实用的方法。

软件：Illustrator
尺寸：154mm×250mm

● 话梅包装

① 这款包装的塑料袋是正背面分开印刷的，印好后再把正背面 4 个边热封。该包装正背面的结构是一样的，我们只需要做好一个页面，再复制一个作为背面即可。虚线为热封线，热封的边宽为 8mm，但是顶部由于要预留穿孔位，所以热封边宽要大一些，这里我们预留 30mm。

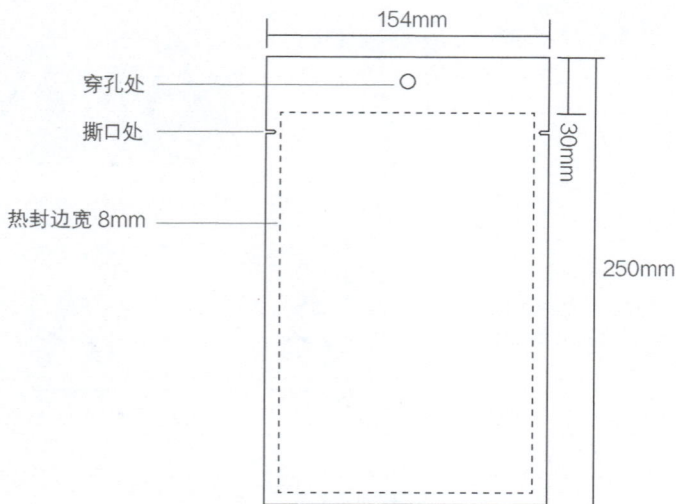

● 包装结构图

② 话梅能让人联想到很多元素，当你不知如何选择时，不妨考虑绘制一张思维导图，让自己的思路更清晰。把所有想到的元素全部围着"话梅"列出来，逐个分析、淘汰，最后剩下的就是你想用的元素。经过一番构思后，我们决定采用"写实画"元素。

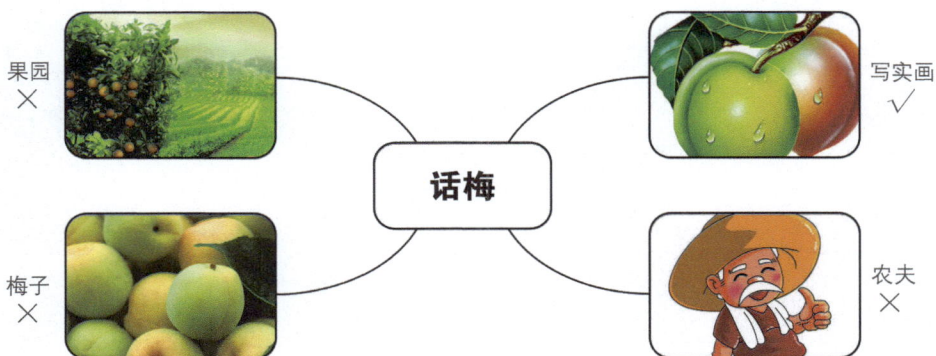

● 思维导图

③ 确定元素后，我们在这张写实画里寻找想用的配色，并设定好色值。这种方法能让色彩相互呼应，画面不至于显得混乱，这是一种很实用的配色方法。

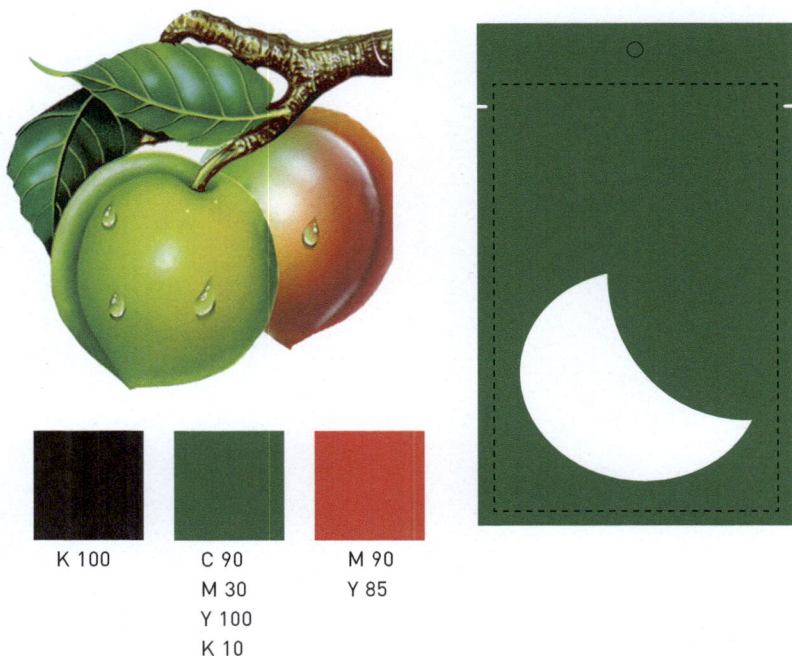

| K 100 | C 90 M 30 Y 100 K 10 | M 90 Y 85 |

● 配色

④ 话梅是休闲零食，字体上我们选择手写体，并把某些笔画加大加粗，使得字体不会过于拘谨严肃。

话梅

● 设计字体

⑤ 把产品名、公司名、净含量等信息放入正面，内容不要超过热封线，然后把热封线删除，因为印刷时虚线不需要印。半月形的白色区域不做印刷，特意留出以展示产品。

⑥ 背面的元素一般为文字说明、地址、条形码等。当你想不出什么创意排版时，选择整齐的排版一定不会错，同样删除热封线，背面也就做好了。

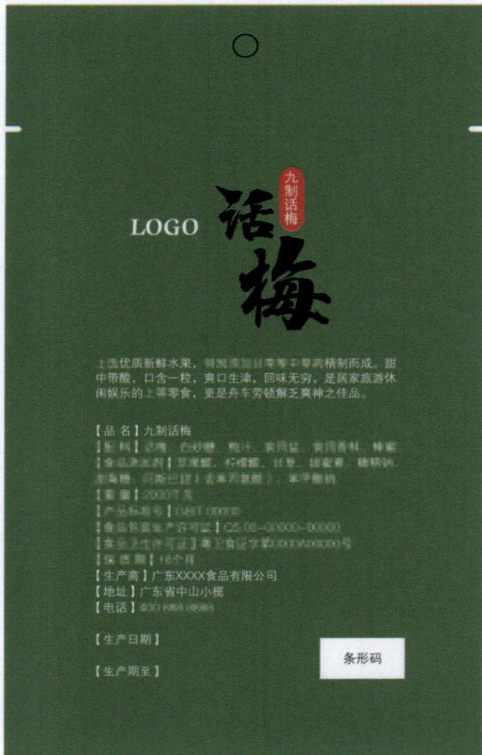

LOGO

九制话梅

话梅

广东xxxx食品有限公司　　净含量：280g

LOGO　九制话梅　话梅

上选优质新鲜水果，特别添加甘草等中草药精制而成。甜中带酸，口含一粒，爽口生津，回味无穷，是居家旅游休闲娱乐的上等零食，更是乘车劳顿解乏提神之佳品。

【品　名】九制话梅
【原　料】话梅、白砂糖、甜味剂、食用香料、梅蜜
【食品添加剂】草果酸、柠檬酸、甘草、甜蜜素、糖精钠、乳酸糖、阿斯巴甜（含苯丙氨酸）、苯甲酸钠
【重　量】2000千克
【产品标准号】QB/T 00000
【食品生产许可证】QS 00-00000-00000
【食品卫生许可证】卫食证字第00000000号
【保质期】18个月
【生产商】广东xxxx食品有限公司
【地址】广东省中山小榄
【电话】00-0000 00000

【生产日期】
【生产期至】

条形码

● 正面和背面

142

⑦ 这款包装的背面为满版白墨，正面的白墨则空出半月形不填充，不做任何印刷。其实白墨版可做也可不做，因为这款包装设计比较简单，可直接告知印刷厂印白墨的区域。

● 正面白墨版

⑧ 转曲线之后就完成了，恭喜你又学会了一款包装的设计方法。这款包装若拆色制版，要做 6 个版，图文部分为 4 色，底色为专绿，最底部也就是第一层印白墨。

● 拆色

7.2.4 药品泡罩包装印前工艺

1. 不要满版印刷

我们常用的药品泡罩包装一面是透明塑料薄片制成的泡罩，里面装着药片或胶囊，一面是铝箔衬底，上面印有产品信息。由于印刷油墨容易引起产品质变，因此作为直接包住产品的内包材尽量不要满版印刷，小面积印一些简单的产品信息即可。

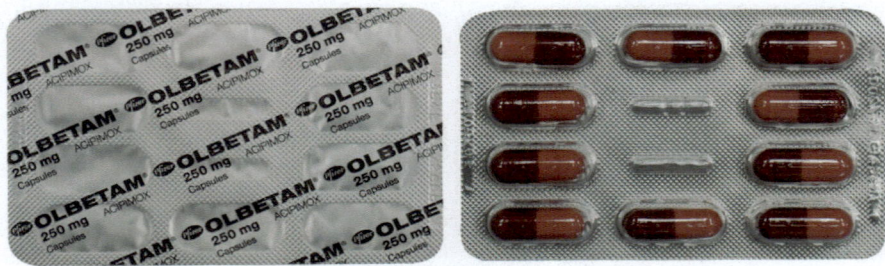

● 药品泡罩

2. 制版越少越好

　　药品泡罩是包装最里面的部分，消费者只有打开外包装才会看到，这部分不需要花费太多成本来装饰，只需要印上简单的产品信息，如产品名称、服用方法、服用量等，因此设计的文件颜色越少越好，大部分药品泡罩使用单黑色。

3. 排版方式

　　药品泡罩衬底的排版相对简单，分为横版和斜版两种，有些地方称斜版为乱版。不管是哪种版，都一定要注意图文和药膜的大小比例，确保无论从哪里切割，每个衬底都能看到至少一组完整的图文。

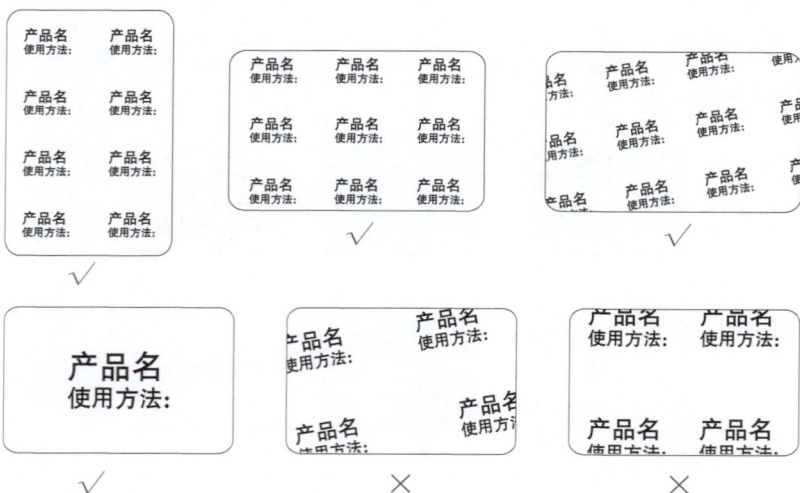

● 排版方式

7.2.5　实例：铝塑复合药品泡罩

　　药品泡罩的设计其实很简单，下面我们做一个斜版的单黑铝塑复合药品泡罩设计练习，巩固一下刚学的知识。

软件：Illustrator

尺寸：100mm×60mm

● 铝塑复合药品泡罩

1　画一个圆角矩形，尺寸为 100mm×60mm。不需要留出血位，因为是拼大版印刷后再切割，只需要做一个有规律的版，拼版师会根据你做的版继续延伸拼版。

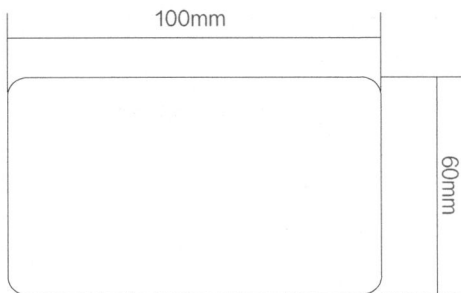

100mm

60mm

● 尺寸设定

2　把所有的产品信息进行组合，虽然只有产品名和用法用量两个元素，也要体现设计感。产品名字号应大于用法用量的字号，主次分明，齐头齐尾。

三七伤药片
Sanqi Shangyao Pian

● 元素组合　【用法用量】口服，一次3片，一日3次。

3　复制几个组合并成一行，再复制几行有规律地排列，旋转 15 度。把它们和矩形框放在一起，试着上下左右移位，检查是否无论如何摆放都能看到完整的组合。确认没有问题后，单击鼠标右键，选择"建立剪切蒙版"即可。

● 剪切蒙版

7.3　丝网印刷

7.3.1　丝网印刷概述

1. 定义

　　丝网印刷属于孔版印刷，它的印版是细密的网版，是经过感光胶晒干后的版，有胶的地方堵住网孔，没胶的地方就是承印的部分，油墨就是通过网孔印到材料上的。

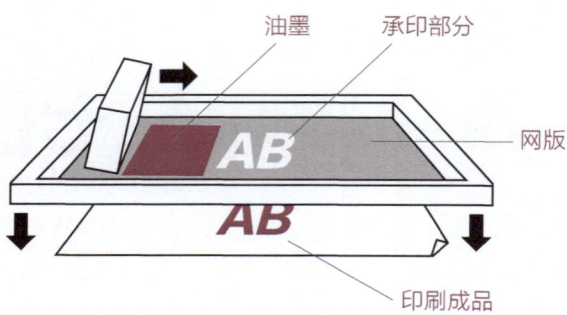

油墨　　承印部分　　网版　　印刷成品

● 丝网印刷原理

2. 特点

　　丝网印刷所需设备简单，操作方便，制作成本较低，除了印刷厂，很多快印门店都支持丝网印刷。

　　丝网印刷的油墨很厚实，覆盖力强，印出来的油墨有较强的厚重感和立体感，广受设计师青睐。丝网印刷的用途很广，名片、装帧封面、商品包装、商品标牌、印染纺织品、玻璃、金属等，你能想到的品类几乎皆可采用丝网印刷。

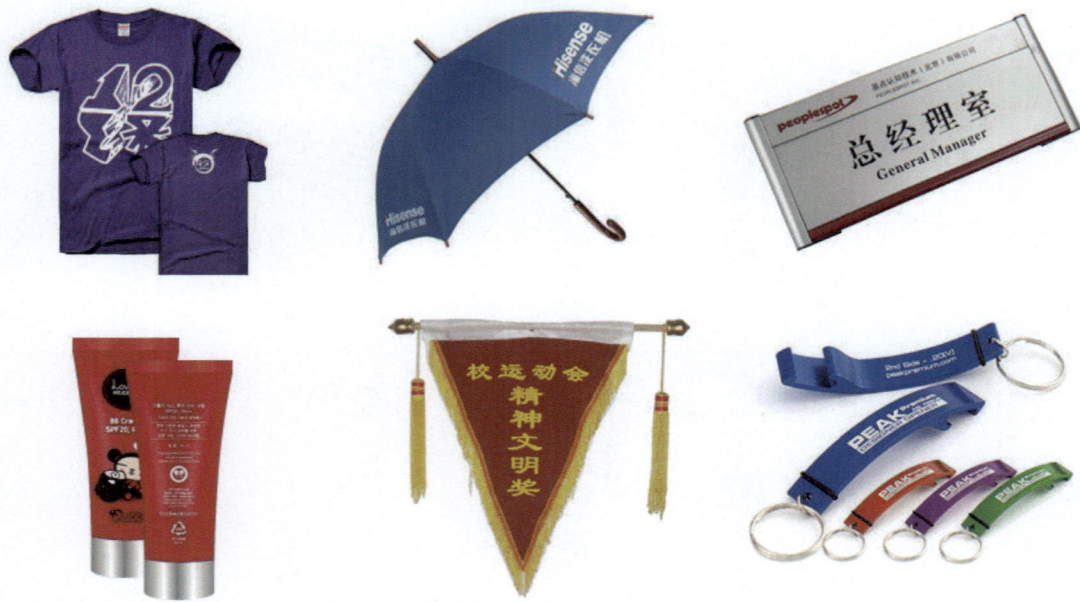

● 丝网印刷支持的品类

3. 印刷机

应根据不同的印刷需求采用不同的印刷方法，最常见的是实底印矢量图，也可以采用 4 色网点渐变丝网印刷；可用机器自动印刷，也可手工印刷。

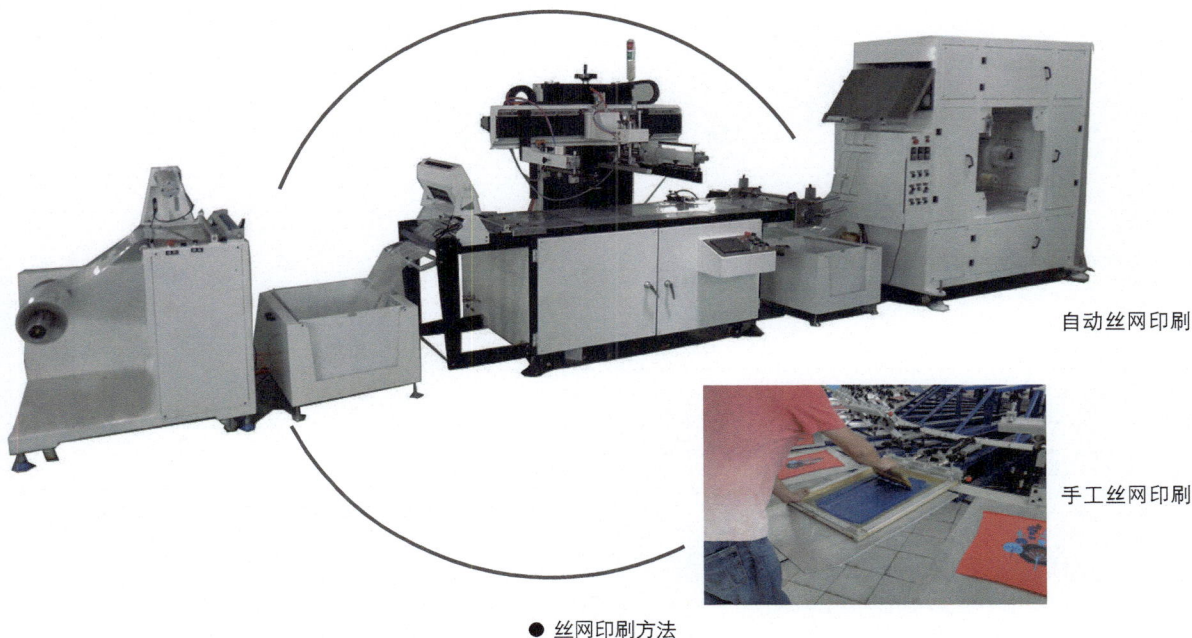

自动丝网印刷

手工丝网印刷

● 丝网印刷方法

4. 注意事项

● 套色不准

丝网印刷一次只能印刷 1 种颜色，如果有多种颜色，就要进行多次印刷。丝网印刷技术有限，多色套印难免会不准，这样就增加了产品的报废率。设计文件的图文部分尽量为 1 种颜色，至多 2 种或 3 种，否则套色制作就很难推进了。

● 减少成本

丝网印刷的计价除了根据面积大小来确定，还要考虑套色的多少。我们知道丝网印刷一次印 1 种颜色，多色就要印多次，这样油墨、人工、时间成本都会增加。因此还是那句话，尽量用 1 种颜色印刷。

● 承印面要平滑

虽然丝网印刷几乎用什么材料都能印刷，但是材料表面不平整的话就没有办法印刷了。

● 覆盖质感

丝网印刷的油墨厚实，覆盖力强，印有油墨的地方基本看不出来材质，如果介意，建议不要做大面积丝网印刷，只做局部印刷。

7.3.2　实例：无纺布袋

无纺布袋属于环保袋，韧性好且耐用，可循环使用，生活中经常用到。这个实例看似很简单，实际上制作的过程中还是有一些需要注意的细节。

软件：Illustrator
尺寸：380mm×320mm

● 无纺布袋

1　我们先来看看品牌的 VI 规范，了解品牌的色彩元素制作标准。如果没有 VI 规范，可从品牌的 Logo 用色着手。就拿这个实例来说，Logo 颜色为橙色和红色两种，那么无纺布袋的颜色就可在这两种颜色中选择，这里我们选择橙色。

虽然 Logo 颜色都有准确的色值，但是无纺布染料不一定有完全一样的颜色，只能找最接近的。当然制作量大的话，印刷厂可以为你单独调色。

M 50　Y 100　　M 90　Y 85

● VI系统选色

2　无纺布袋的袋型有很多种，我们现在要做的是有底面、无侧面型的。无纺布袋没有固定的尺寸，尺寸一般根据自己的产品大小而定。如果你把握不准，最起码要保证无纺布袋能放入 A4 文件、宣传单张等，这样的大小比较人性化。这里我们定制的尺寸为 380mm×320mm，底部厚度为 10mm，带子为 500mm×30mm。

虚线为热合线，是一种由机器压制而成的线，边距为 6mm，当然你也可以选择传统的线缝式。

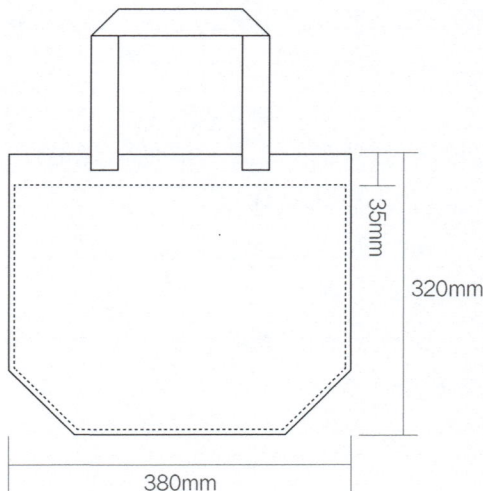

35mm　320mm　380mm

● 无纺布袋结构

148

③ 填充颜色，然后把品牌元素摆放上去看看效果。有几种用色方法，经过对比，本着节省成本的原则，我们决定采用全白色油墨丝网印刷。

● 无纺布袋设计

④ 可两面印，也可单面印，实物效果如下。

● 实物效果

7.4 金属印刷

7.4.1 金属印刷概述

1. 定义

金属印刷是指以马口铁、铝板、钢板等金属材料为承印物，并在承印物上进行印刷的方法。

● 金属印刷成品

第 1 章

第 2 章

第 3 章

第 4 章

第 5 章

第 6 章

第 7 章

第 8 章

第 9 章

2. 材料

用于金属印刷的材料多为马口铁和铝板，它们的原色都是金属银色。铁质材料表面有很多细短的拉丝，是材质本身的特征，非常有质感，如果你不喜欢，可以印浓厚的油墨或印白墨底将其覆盖。

金属材料有很好的防潮密封性能，且材质看起来非常高档，多用于茶叶、饼干、奶粉等的包装。

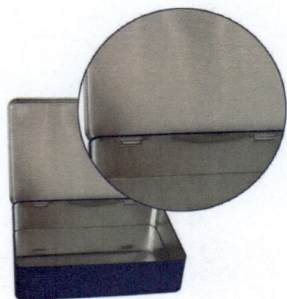

● 铁质材料

3. 印刷机

虽然铁皮能丝网印刷，也能喷绘，但是效果没有平版印刷好，精度也没有平版印刷高。专门用于金属印刷的是一种金属平版印刷机，主要分双色机和 4 色机两种，印刷的原理和胶版印刷差不多。一般情况下都是用双色机印刷，用 4 色机印专色。4 色机自带 UV 干燥装置，能快速印好。

不管是使用双色机还是 4 色机，都需要清洗处理印前材料，把金属板表面的灰尘、油污等清洗干净后才能开始印刷。

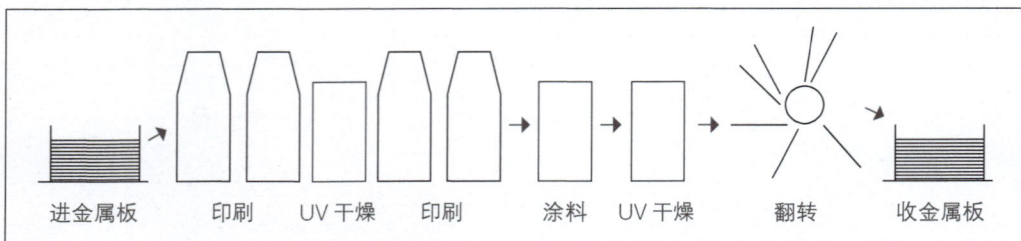

进金属板　　印刷　　UV 干燥　　印刷　　涂料　　UV 干燥　　翻转　　收金属板

● 4色金属平版印刷机原理

7.4.2 金属制品

1. 金属材料的特点

● 色彩鲜艳
金属材料本身不吸油墨，需要特定的油墨印刷，这样印出来的色彩非常鲜艳，加上金属本身的质感，很容易产生层次感。

● 造型丰富
金属材料经过机械加工，可制出桶、罐、盒等造型，还可以制作出各种独特奇异的造型。

2. 盒型

常用的铁盒盒型有 3 种：天地盖型、扣盖型和拉伸型。天地盖型就是盖子和盒身分开，盖子扣在盒身上的形式；扣盖型是盖子和盒身用铁线相连，盖子扣在盒身上的形式；拉伸型就是盒身像抽屉一样能拉伸的形式。

● 铁盒盒型

你需要和制罐厂多沟通，根据你的要求，制罐厂的工程师会提供标准的盒型平面图。不管采用哪种盒型，设计文件都分 3 个部分——盒盖、盒边和盒底，印好这 3 个部分再用机器合成盒型。

我们用右侧这个有折边的天地盖铁盒分析一下就明白了。

● 铁盒成品

铁盒平面图包括 3 个部分：一个盒盖、一个盒底、两条盒边。

盒盖

盒底

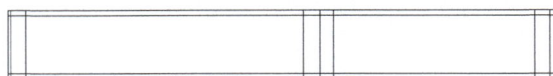

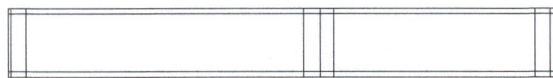

盒边

● 铁盒平面图

3. 罐型

罐型以圆形、椭圆形和方形最常见，设计文件分盖子、罐身和罐底 3 个部分。盖子和罐身为图文设计部位，盖子内部无须做设计，大部分罐底都不做设计。

有些罐身是有特殊造型的，印刷时重要的图文应尽量避开凹凸的区域，因为这些凹凸的区域可能会导致图文变形，影响视觉效果。特别是条形码，如果变形，扫码机可能会扫不出来。

● 铁罐

第 1 章

第 2 章

第 3 章

第 4 章

第 5 章

第 6 章

第 7 章

第 8 章

第 9 章

4. 金属印刷后工艺

金属印刷后工艺比较丰富，可上光、烫金、涂白、上亚油、上皱纹油、上珠光油、上爆炸油等，其中有些效果可直接在印刷过程中产生，有些需要后期加工。

另外，金属材料除了做凹凸效果，还可以做浮雕效果。浮雕比击凸更加有立体感，可以让整个包装的美感大大提升，最高可击到 3mm 高。

● 爆炸油工艺铁盒

● 浮雕工艺铁盒

5. 制作流程

以罐型为例，材料印刷好后需要制作模具来压制成型，模具非常笨重，制作及调试的时间相对久一些。制罐的流程分为制作罐身和制作罐盖两部分。

罐身制作流程：

裁切→焊接→补涂→翻边→

滚筋→封罐

罐盖制作流程：

冲压→卷边→注胶

● 制罐模具

6. 易损

金属制品在运输过程中非常容易刮花，特别是边角和凸起的浮雕部分，一定要额外添加保护层。例如，铁盒一旦被重物压到，会出现凹陷，且无法还原，即使一点点的凹陷也会很明显。因此，铁盒的纸箱包装要特别添加能起保护作用的隔板，如瓦楞纸板、泡沫等。

7.4.3　印前工艺

1. 打样

如果不是印大货，只是打样看颜色，一般都用单独的涂料机来打样，效果和实际印刷效果差不多。但是样品如果烘干不彻底，表面颜色就容易掉，容易刮花。

2. 印刷时长

铁印所用的时间非常长，无论是打样还是真正印大货，耗时都较长。

● 打样

打样是一种颜色一种颜色地印，印完烘干才能印下一种颜色。

● 双色机

如果是双色机印刷，一次只能印两种颜色，印刷厂必须把这批货全部印完才能印下一种颜色，每上机一次就要耗时两个小时以上。

> 下面我们来简单计算一下上机次数，以一个 4 色金盒效果的文件为例：
>
> **4 色 + 1 满版金色 + 1 版白墨 = 6 个版**
> **至少要上机 3 次**
>
> 我们再来算算有专色的文件：
>
> **4 色 + 1 版专色 + 1 满版金色 + 1 版白墨 = 7 个版**
> **至少要上机 4 次**
>
> 如果这种专色是很深的颜色，上机一次可能印不上，需要上机两次：
>
> **4 色 + 2 版专色 + 1 满版金色 + 1 版白墨 = 8 个版**
> **至少要上机 4 次**
>
> 计算方法不难，你可以根据自己的文件以此类推，目的是弄清自己做的文件印刷起来大概会耗时多久，做到心中有数。

3. 如何跟色

铁印一般用的是双色机，一次只能印两种颜色，跟色的时候比较麻烦，无法一次看完所有颜色的效果。假如第 2 次上机时，你才发现第 1 次上机印的颜色不太合适，想回头重印已经没有机会了。因此，在印前就要清楚地知道自己想要的颜色以及可以接受的偏差值，这对有经验的设计师可能不难，但对新手估计难度比较大。

好在 4 色有标准色值，新手可以在每次印出颜色时，对照标准色标查看效果，只要将 CMYK 的每个色值都印到位，最后的成品就不会偏差太大。

专色就更好跟了，可以对照你提供的色样，也可以对照 PANTONE 色板。

C100

Y100

M100

K100

● 4色色标

4. 金铁

实际上是没有金色的铁皮的，原材料马口铁是银色的，想要获得金色的效果只能印一层黄色。可以局部印黄色，也可以满版印黄色，视需求而定。

我们知道金有很多种，以色相来分，可分为绿金和红金。黄色偏绿一些的，印出来就是绿金的效果；偏红一些的，印出来就是红金的效果。

如果你把握不好黄色印出来是什么效果，可以找一个样品，让印刷厂根据你给的色样进行调色。

5. 金属印刷白墨

铁印用的白墨分为两种，一种稍微偏灰，一种非常白，白一些的白墨必须满版印刷，也就是说偏白一些的白墨用于 4 色机，偏灰一些的白墨用于双色机。

虽说双色机用的白墨不够白，但它是在对比下才显得不够白，正常情况下它的白度已经足够，不影响印刷效果。

6. 击凸偏差

铁印的击凸很难每次都对得很精准，偏差 1mm 也是很正常的。设计文件的击凸部分应尽量避免出现细线条和笔画较细的字体。

浮雕工艺同理。

7.4.4 实例：幼儿奶粉铁罐

铁罐在奶粉包装中使用率很高，它防水防潮，能很好地保证奶粉的密封性。这款幼儿奶粉铁罐为圆口包装，材料为马口铁。

软件：Illustrator

尺寸：565mm×230mm

● 幼儿奶粉铁罐

---

① 罐子的高度为 230mm，直径为 180mm，根据公式得到顶部和底部周长约为 565mm，这样我们就有了文件尺寸。新建一个文件，尺寸为 565mm×230mm，出血为 3mm。

铁质材料的金属色很漂亮，如果能部分印油墨，部分露出金属色，成品的层次感就会更强。这款设计的构思就是罐子正面部分上半部为金属色，下半部印白墨和其他颜色。

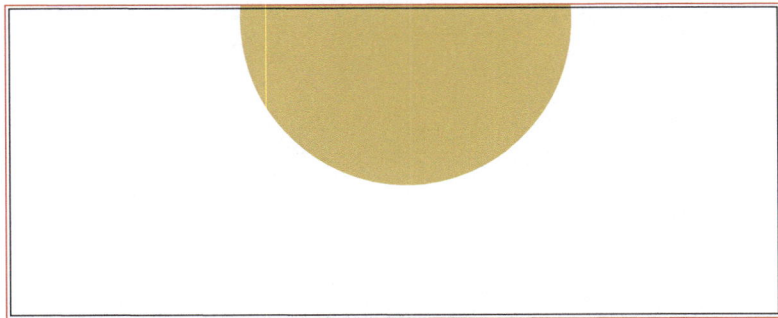

● 铁罐设计文件1

---

② 填充底色。底色决定了这款设计的主色调，且底色为大面积使用色，用专色最好。经过筛选，底色选用 PANTONE 317CP。填充好底色后，我们可以看到两个层次已经拉开。

● 铁罐设计文件2

③ 放入产品名，产品名是主体，要大一些。产品名用的是深蓝色，与底色为同色系，既显得和谐，又与金色形成颜色反差，从而更加醒目和突出。

INNOCENCE
贝贝心幼儿配方奶粉

● 产品名组合

④ 幼儿产品包装上最好有一些可爱的元素，让人一眼可识别出是幼儿产品。这里使用的是卡通牛、色块、文字三者的组合，元素经过组合，整体感强了很多，既有造型又不散乱。除了蓝色，还有橙色、绿色等，各种鲜艳的颜色让设计更加活泼可爱。

颜色多的时候容易使设计显得花哨，要注意控制好各种颜色与主色调的比例。

● 其他元素组合

⑤ 我们把所有元素都放入文件，调整好比例。有没有发现所有的文字包括表格本身都是深蓝色的，和产品名一个颜色？这说明深蓝色的使用率也很高，这种情况下建议将这种颜色改为专色，印刷起来更方便调色，也方便改版。

● 铁罐完整稿

⑥ 做白墨版时，复制一个画板，为要露出金属色的地方填充白色或留出空白，其余地方全部填充 100% 单黑色。

● 白墨版1

⑦ 如果不想拆版，而想合版，也是有方法的。先随意确定一种颜色为专色，这种颜色最好与文件里的颜色差别大一些，以便区分。然后将刚才那个单黑白版填充替换，排列至最底层。虽然这个版隐藏在最底层看不到，但是印刷厂制版时拆开看就明白了。如果你担心印刷厂制版有遗漏，可以在源文件旁边加个色块配以说明。

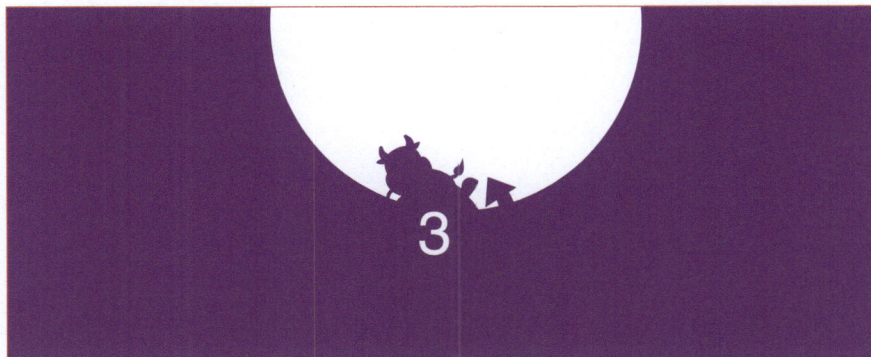

PANTONE 317CP　　专色　　白墨

● 白墨版2

你可能在想为什么盖子上不印点儿东西，其实铁罐包装一般都有个塑料盖，所以里面的铁盖无须设计。

第 8 章

后工艺

不是所有的印刷机都能印出你想要的效果，有些效果需要经过后期加工才能达到。这种在印刷完成后对成品进行后期处理的方法称为后工艺，目的是提升包装的美观度。

8.1 烫印

1. 烫印的定义

烫印就是转印，是将金属箔转印到承印物上的方法，烫印又分热烫和冷烫两种。

热烫是指利用一定的压力和温度，将金属箔转印到承印物表面的方法。

冷烫是指直接在印刷机上利用 UV 胶黏剂将金属箔转印到承印物表面的方法，由于不需要加热，因而得名。

● 烫印

2. 烫印的颜色

烫印的颜色有很多种，除了常见的金色、银色外，还有绿金、蓝金、红金等，因为大部分烫印采用金色，所以烫印俗称"烫金"。

3. 烫印的范围

烫印往往小面积采用，主要运用于封面、包装，起到突出重点、提高档次的作用。可用于烫金的材料比较多，纸张、塑料、木板、皮革等均适用。

● 烫印纸样

4. 烫印常出现的问题

印不上：印出来的成品出现局部断缺。

印不牢：成品表面掉金粉。

出现这些问题的原因多是温度过低、时间过短或压力不够。

5. 冷烫的缺点

冷烫是与印刷同时进行的，印完后需要覆膜或上光进行二次保护。覆膜或上光后，金属箔的质感会减弱，特别是覆亚膜后，金属光感会大大降低，效果会差很多。

6. 选择热烫还是冷烫

热烫：效果最佳，成本高。

冷烫：效果略差，成本低。

8.2　覆膜

1. 覆膜的定义

　　覆膜就是将塑料薄膜经过加热和加压之后，贴覆在承印物表面的加工工艺，是一种热裱工艺。还有一种工艺是冷裱，是通过冷裱机压力的作用直接将塑料薄膜贴覆在承印物表面的加工工艺。相比之下，热裱的效果更好，不过冷裱的成本低一些。

　　塑料薄膜防水耐折，能起到保护印刷品的作用，同时也能为印刷品增加光泽。

● 覆膜机

2. 塑料薄膜的分类

　　塑料薄膜分光膜和亚膜两种。光膜透明，表面平滑光亮，几乎不会改变画面的颜色，还能提升印刷品的光泽度，使其颜色更加亮丽鲜艳。亚膜表面是细小的磨砂颗粒，覆过亚膜的印刷品呈亚光效果，虽然颜色会暗沉一些，但是手感舒适，相对于光膜更显厚实稳重。

● 覆光膜效果

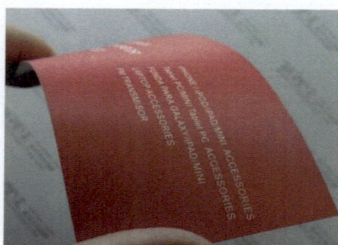

● 覆亚膜效果

8.3　上光

1. 上光的定义

　　上光是指在印刷品的表面增加一层光油，使其干后起保护印刷品及增加印刷品光泽的作用，可采用涂、喷、印刷的方法，适用于海报、宣传单张、卡片、包装盒等。

2. 局部 UV 光油

　　光油可满版上光，也可局部上光。局部上光采用的是 UV 光油，上了光油的部分与其他图文部分会形成明显的对比。局部 UV 光油常用于书籍标题、画册图片、包装品名等，也可用于制作大面积底纹。

● 过局部UV光油效果

3. 光油的优缺点

● **优点**

光油不仅能增加印刷品表面的光泽，还能在几年之后自行分解，非常环保。

● **缺点**

由于光油会自动分解，不适宜长久保存。

光油没有韧性，上了光油的纸张会因折叠而断裂。

4. 如何区分印刷品上的是光膜还是光油

光膜比光油厚一些。

上了光膜的纸张不容易撕裂，上了光油的纸张可轻松撕开。

注 意 事 项

● 在浅色底色的印刷品上过局部 UV 光油效果不明显，在越深颜色的底色上过局部 UV 光油效果越明显。

● 还可在无光泽的纸上过局部 UV 光油，形成更明显的反差效果。

8.4 逆向UV光油

1. 逆向 UV 光油的定义

逆向 UV 光油是指印刷材料上印有光面油和磨砂底油，相互形成反逆效果的工艺，面油为满版层，底油为局部层。它是近年来才兴起的全新工艺，打破了局部 UV 光油的局限，可以在印刷机上一次印出各种纹理，无须后期加工。

2. 应用范围

逆向 UV 光油发展得很快，如今已是非常成熟的工艺，多应用于月饼、化妆品等的包装。

● 逆向UV光油包装

3. 印刷机

逆向 UV 光油对印刷机的要求很高，只运作于胶版机，最低机型为 6+1 机。所谓 "6+1" 是指可以一次性印 6 种颜色，"+1" 是印油的意思。目前最高型号为 8+2 机，机型还在不断地更新与优化，也许过两年又会出现更新型的印刷机。

逆向 UV 印刷机非常先进，不仅油墨套印准，逆向 UV 光油的套印也相当精准，成品效果非常好。

● 7+1 逆向UV印刷机

4. 纹理制版

逆向 UV 光油的效果无非就是磨砂底油和光面油的反差效果。一般印刷厂都有很多现成的纹理样板，可直接采用，也可根据自己的需要设计一种纹理。

● 逆向UV光油样版

8.5　击凹凸

1. 击凹凸的定义

击凹凸是指不通过印刷，而是使用机器在纸上击压出凹形或凸形图文的后加工工艺。市面上的印刷品大多使用击凸工艺，使用击凹工艺的稍微少一些。

2. 应用范围

击凹凸出来的图文有浮雕效果，可使印刷品有立体感，档次更高。击凹凸多用于包装盒、贺卡、封面等需要突出的部位，面积不会太大。

● 击凸工艺包装盒

162

3. 制版

击凹凸的印版常用铜和铝这两种材料，铜偏重，击压的质量好一些，但是铜版比铝版费用高一些。

4. 击凸烫金

击凸烫金就是烫金与击凸共用一个版，使烫金与击凸能一次性完成，也称"立体烫金"，这种方法可解决两种工艺叠加套印不准的问题。

● 击凸烫金

注 意 事 项

● 击凸烫金要求纸张有一定的厚度，太薄的纸张承受不了压力会破损。

● 击凸的图片部分面积不宜太小，文字部分笔画不宜太细，否则会击压不出来。

8.6 压纹

1. 压纹的定义

压纹是指使纸张经过机器的对压后，出现各种纹理的后工艺。可满版压纹，也可局部压纹。

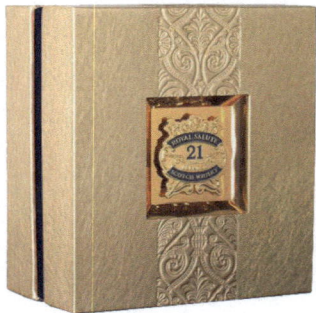

● 压纹工艺包装盒

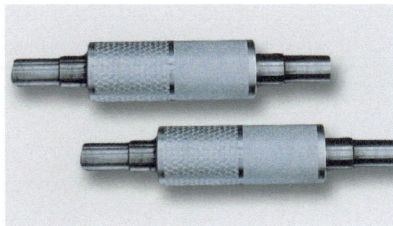

● 压纹版辊

2. 应用范围

压纹可用于制作布纹、条纹、皮纹、柳纹和木纹等。这些常见的纹理，印刷厂基本都有现成的版。如果实在没有你想要的纹理，你可以自己设计一种纹理。如果你设计的是满版纹理，做文件时只需要向印刷厂提供几组重复连续的元素，印刷厂就能根据你提供的元素继续延伸做版。

● 压纹纸样

Q 为什么很少直接使用现成的压纹纸印刷？

A 压纹纸只能烫印或丝网印刷，不能胶版印刷，多用于裱糊手工盒或书籍封面。如果需要印彩色的区域不是很复杂，可以用机器压平想要印刷的区域，然后再采用丝网印刷套色，只是这种方法比较麻烦。如果想要能胶版印刷又有压纹效果，最好的办法就是先印刷后压纹。

8.7　实例：月饼包装盒

　　月饼包装盒非常讲究工艺，每年中秋上市的月饼，其包装盒都能展示很多新工艺。月饼包装盒多是手工盒，手工盒就是将印好的纸张成品裱在硬盒上。其实现在多半是机器操作，精确又快速，人工制作已经很少了。

　　这款月饼包装盒使用的材料为 PET 银卡纸，采用逆向 UV ＋ 击凸两种工艺。

● 月饼包装盒

1　这款包装盒为常见的书形盒，外盒尺寸为 300mm × 210mm × 65mm。盒子展开后是个正侧面及背面连在一起的长方形。由于手工盒要包边裱糊，设计文件要预留一定的边距，一般不少于 15mm，这里我们预留 18mm。

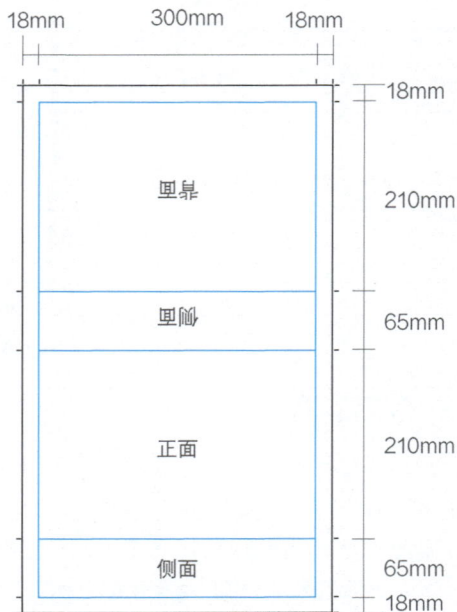

18mm	300mm	18mm

	18mm
里景	210mm
里㿟	65mm
正面	210mm
侧面	65mm
	18mm

● 包装盒平面结构图

② 月饼是中秋传统食品，其包装盒色调一般为传统的暖色，所以这里我们用了一套比较温馨雅致的配色。其中亚粉色的使用面积最大，可以考虑做成专色。

亚粉色	橘色	棕色	深棕色
C 8	M 52	C 40	C 52
M 25	Y 53	M 85	M 90
Y 30	K 20	Y 100	Y 100
		K 50	K 70

③ 中秋涉及的元素很多，如嫦娥、玉兔、月亮、花等。经过筛选，这里我们采用了牡丹花和窗框的元素。

● 设计元素

④ 正面的设计最为重要，工艺都集中展示在正面，所以要多花点时间好好构思，设计好版面和运用的工艺。特别要注意的是花瓣上的黄色细边，可在花瓣上用钢笔工具勾出线条，填充为黄色。印刷时细边处不印白墨，会直接透出金属色，与周围形成反差，得到一种貌似烫金的效果，所以金银卡纸完全可以不做烫金工艺。

● 包装盒正面

⑤ 侧面一般不做太多设计，但是也不能忽略，可以放少量产品信息。其中一个侧面是故意反向放的，因为盒子是立面的，折成盒型后，看起来就是正向的了。

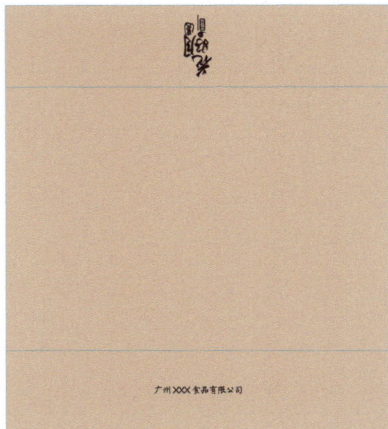
● 包装盒侧面

6　把背面的说明文字也排好，将正面、背面及侧面都按正确的位置放好，整个设计就基本完成了。

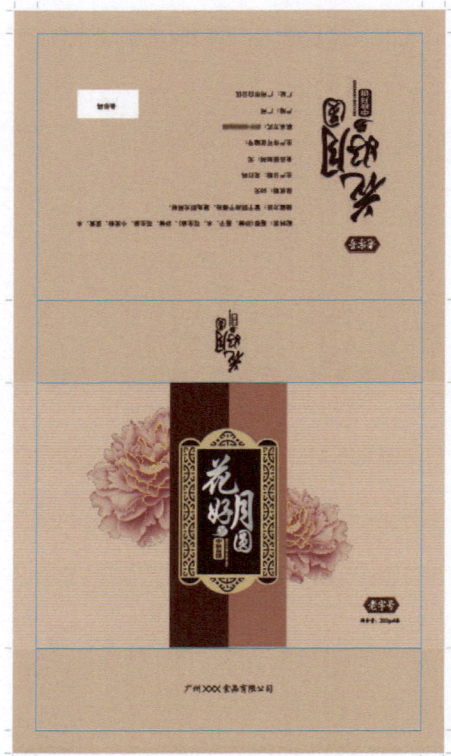

● 包装盒完整稿

7　除了正面中间区域和花瓣的黄色细边需要直接印在银卡纸上，其他区域都印白墨。复制做好的完整稿，把需要印白墨的地方全部填充100% 单黑色，其余的元素全部填充白色或保持空白即可。

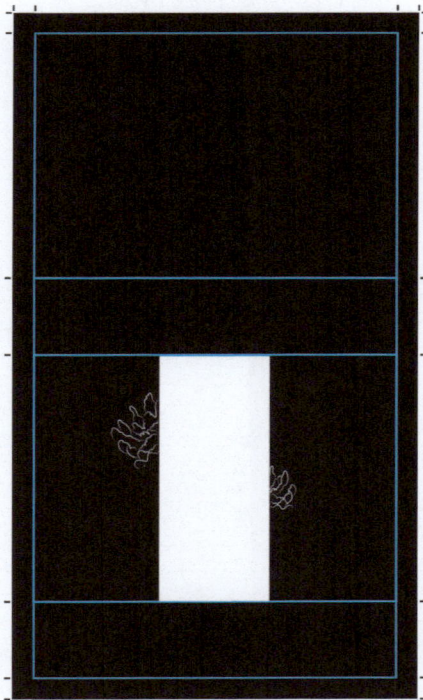

● 白墨版

8 我们知道逆向 UV 是由光面油和磨砂底油（一光一亚）的反差形成的效果，上机用的是光面油，拆版的文件只需要把磨砂底油的部分填充为 100% 单黑色，光面油的部分留白即可。如果你还是担心印刷厂看不明白，可以在旁边加两个色块来注明：填充 100% 单黑色的为磨砂底油，空白处即为光面油。

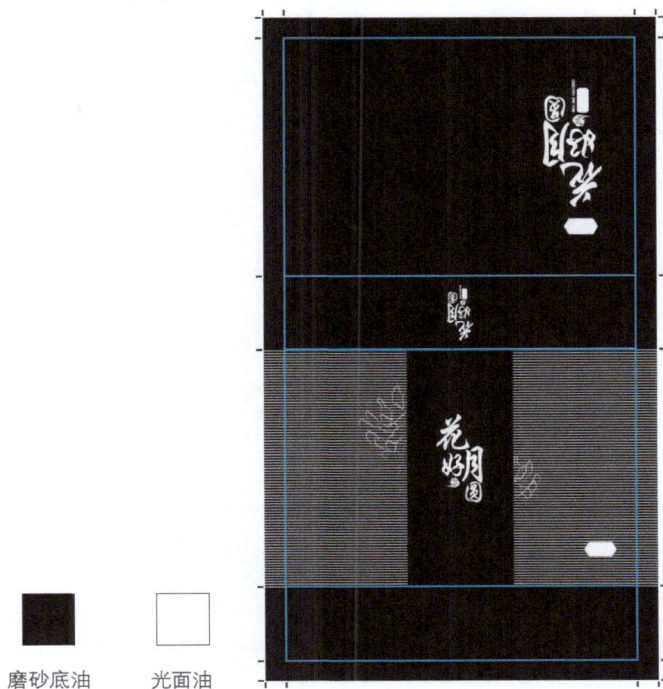

磨砂底油　　　光面油

9 做击凸版时，复制正面，把需要击凸的文字和窗框填充为 100% 单黑色，其余元素全部删除。
现在这款包装盒所有的版都制作好了，可以将文件发去印刷了。这款包装盒的工艺不算复杂，还可以做更多的工艺，只要学会方法，便可举一反三。

● 击凸版

第 9 章

喷画制作

喷画分为喷绘和写真，它不属于印刷范畴，而属于装潢范畴。喷画不像印刷要制版装机，只需在喷绘机上用喷墨的形式直接喷出来即可，统一使用 CMYK 模式。

9.1　喷画

1. 按用途分类

　　喷画分为喷绘与写真，喷绘与写真按用途分为户外广告和户内广告：户外广告在材料、功能上特殊一些，要耐日照、防雨水，这样才不容易褪色；而户内广告的材料只要不放到户外，也能很久不褪色。

◀ 户外广告

◀ 户内广告

● 户外及户内广告图

2. 按材料分类

　　喷画按材料可分为背胶、灯箱布、相纸、灯片、车身贴等。

● 背胶

　　背胶是撕开背面薄膜有胶的材料，常贴于门窗、墙壁、玻璃、KT 板、安迪板、有机板等物料。被贴的物料表面一定要平整，无水无污渍，不然背胶贴上会不平整，影响画面效果。

● 背胶

● 灯箱布

灯箱布是一种由两层 PVC 和一层网格布组成的面料。喷好的灯箱布一般留有白边，用于展板包边；或者在白边打孔，用于绑定。灯箱布多数装灯照明，可内装灯也可外打灯。

● 灯箱布

● 相纸

相纸表面平滑洁白，多用于高清喷绘的人物照片和产品包装等。

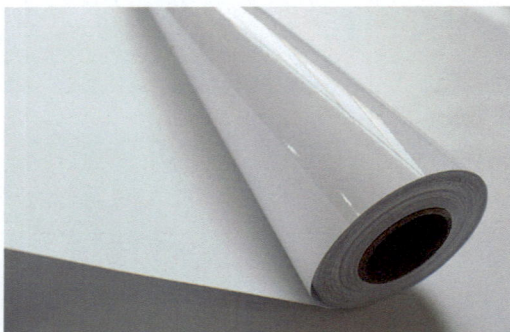

● 相纸

● 灯片

灯片就是一种 PET 材料，挺度高、抗撕裂性强，需在内部装灯照明。灯片喷绘画面精致、细腻，广泛应用于户内灯箱广告、橱窗等。

● 灯片

● 车身贴

车身贴是贴在车身或玻璃上的喷绘不干胶材料，有实底、透明和单孔透 3 种效果。实底就是贴上后全部覆盖所贴区域的效果；透明就是全透明效果；单孔透就是表面分布着很多镂空圆孔，呈半透明的效果，不会阻挡视线。

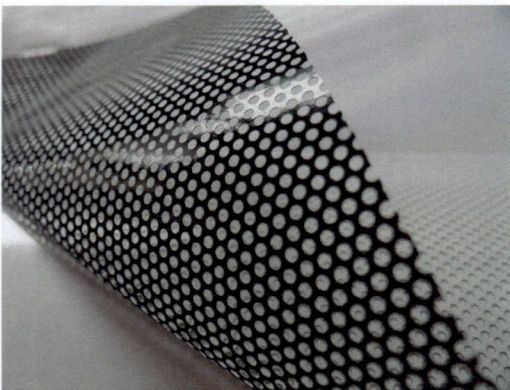

● 单孔透

3. 喷画文件分辨率

普通喷绘机需要的文件分辨率为 72 像素 / 英寸，如果想要更高清的画面，则需要用到高清喷绘机，需要的文件分辨率为 144~300 像素 / 英寸。

当然这些数据不是绝对的，如果是大尺寸喷绘，倘若还用 72 像素 / 英寸分辨率的文件，计算机可能无法加载或者加载缓慢。建议设置文件时降低分辨率，将文件大小控制在 200MB 左右。

4. 喷画文件的格式

喷画文件最好储存为 TIFF 或 JPG 格式，储存为 TIFF 格式不要选择压缩，储存为 JPG 格式要选择最佳品质，以保证质量。

5. 喷绘与写真的区别

● 喷绘与写真的区别之一在于使用的油墨不同，写真油墨比喷绘油墨更细腻一些，所以写真多用于小尺寸的广告，而喷绘多用于大面积的广告。但是户外背胶却多用写真，因为喷绘油墨对背胶材料有一定的腐蚀性，用写真则没有这个问题。

● 喷绘与写真的区别之二在于颜色模式不同，表面上喷绘是 4 色模式，写真是 3 色模式，但实际上二者都采用 4 色模式，原理与胶印一样。写真油墨之所以是 3 色，是因为少了黑色，可用其他 3 色撞出黑色，而并不是真的支持 RGB 色彩模式。不用黑色油墨还有个原因，就是这种油墨浓厚，不容易干，有一定的腐蚀性。

6. 喷绘与印刷的区别

● 普通喷绘的精度为 72 像素 / 英寸，成品墨点较大，近看不够清晰，远看才清楚。而印刷的精度为 300 像素 / 英寸，成品相当高清，近看远看都清晰。

● 印刷只能在一定开数内进行，喷绘能制作大幅面，就算是几米到十几米宽幅的尺寸，喷绘也可以拼贴组成，不受限制。

● 印刷要留出血位，喷绘不用。

● 印刷需要制版，喷绘不用，可直接上机喷出来。

● 喷绘机

9.2　X展架与易拉宝

1.X 展架

　　X 展架是指在喷绘海报 4 个角各打一个孔，穿在 X 形支架、用于广告宣传的展示架，不用时可折叠装袋，方便携带，适用于展会、促销活动等场合。

常规尺寸：60cm×160cm
　　　　　80cm×180cm

● X展架

注 意 事 项

　　● 展架上的喷绘海报 4 个角需打孔，因此图文部分不宜太靠近 4 个角，以免被打穿。

　　● X 展架摆放在地面上，展示的图文不宜放在靠底部的位置，否则只有弯腰低头才能看清。

2. 易拉宝

　　易拉宝是指将喷绘海报卷入卷轴，使用时拉开卷轴，用一个伸缩柱扣住海报并使其直立起来，携带方便，适用于展会、促销活动等场合。

常规尺寸：80cm×200cm　　85cm×200cm
　　　　　90cm×200cm　　100cm×200cm
　　　　　120cm×200cm

● 易拉宝

注 意 事 项

　　● 易拉宝底部有部分图文需卷入卷轴，所以图文部分应尽量避免放在最底部。

　　● 跟 X 展架一样，易拉宝摆放在地面上，展示的图文不宜放在靠底部的位置，否则只有弯腰低头才能看清。